杉山修

すごい畑のすごい土

無農薬・無肥料・自然栽培の生態学

GS
幻冬舎新書
305

JN284342

すごい畑のすごい土／目次

第二章　多様性が生産性を上げる　49

序章　奇跡のリンゴ園との出会い

岩木山の裾野に広がるリンゴ園

弘前市は人口18万人を抱える青森県津軽《つがる》地方の中心都市です。

弘前市の西側には白神山地を源流とする岩木川が流れ、その先には津軽富士として津軽の人々に親しまれてきた岩木山がそびえています。

岩木川を渡ると水田地帯が広がり、そこを越えて岩木山に近づくにつれ緩やかな傾斜地一面にリンゴ園が広がります。

「奇跡のリンゴ」で有名になった木村秋則《きむらあきのり》さんのリンゴ園はその一角にあります。

「奇跡のリンゴ」とは、木村秋則さんが無農薬・無肥料で栽培に成功したリンゴのことです。

リンゴは一年を通じて多くの管理作業が必要な作物です。

津軽地方は冬の間は雪に覆われます。厳しい冬が過ぎた3月からリンゴ栽培農家は、まだ雪の残るリンゴ園に出て前年に伸びた枝切りをします。4月になって雪が解けると直《す》ぐにリンゴ園に肥料をまき、リンゴ園に生える下草が肥料を奪わないように下草刈りを始めます。5月になるとリンゴの花が咲き、めしべに花粉をつける受粉作業に追われ、6月にはたくさん実ったリンゴの中から生育の劣る実をつみ取る摘果作業をし、秋の収穫を待ちます。

リンゴ栽培の最も大変な作業は農薬散布です。リンゴにつく20種類以上の害虫と病気を抑えるため、農薬散布は欠かせない作業です。

農薬散布は、雪解け後の4月中旬から始まり、月2、3回のペースで8月まで計10回ほど行います。

今では、農薬はスプレイヤー（農薬散布機）という機械を使ってまきますが、年に10回もタンクの中に農薬を入れ、リンゴの木にくまなく散布するのは骨の折れる作業です。農家の人は合羽《かっぱ》を着、マスクをつけて農薬が自分にかからないようにまきますが、それでも農薬の飛沫《ひまつ》は飛んできます。

農薬散布がなければ、リンゴ栽培は楽になるのですが、リンゴ栽培農家で農薬散布をやめようと考える人はまずいません。リンゴの無農薬栽培は不可能と信じられているか

木村リンゴ園では下草が伸びている

たわわに実った木村リンゴ園のリンゴ
(2012年11月、弘前大学・佐野輝男氏撮影)

らです。

一般的なリンゴ栽培と比べると、木村さんのリンゴ栽培はとても変わっています。2月の枝切りはしますが、リンゴの生育中は農薬も肥料も一切まきません。ただ、薄めた食酢を何回かまきますが、食酢は普通の農薬のように虫や病原菌を殺すわけではありません。下草は最低限の回数だけしか刈らないので、木村さんのリンゴ園は草が伸び放題の状態となっており、リンゴ園の中で作業をする時は、草をかき分けて進む状態になります。

農薬をまかない木村さんのリンゴ園にはいろいろな生き物がすんでいます。草の中を歩くとバッタが飛び跳ね、下草をかき分けると地面には、甲虫がはい回っています。土を掘り返せば、直ぐにミミズが現れます。

遠くからは普通のリンゴ園に見えますが、近くで見ると木村さんのリンゴ園は、ずいぶんと周りのリンゴ園と違うことが分かります。このような畑から育つのが「奇跡のリンゴ」です。

酢、焼酎、塩、ニンニク液……何をまいても効かない苦闘の8年間

木村さんは、最初から無農薬・無肥料のリンゴ栽培を始めたわけではありません。最初は、化学肥料と農薬を使った普通のリンゴ栽培をしていましたが、次第に大量の農薬を使う農業に疑問を感じ始めます。そして、化学肥料を堆肥《たいひ》に切り替え、農薬の散布回数を半分に減らした低農薬栽培を始めました。

その後、だんだんと農薬散布の回数を減らして、最後は散布回数を年1回だけにしました。1回しか農薬をまかなくてもリンゴは収穫できたので、この時、完全無農薬でも何とかなるだろうと考え、1978年、木村さんが29歳の時に完全無農薬栽培に踏み切りました。

しかし、農薬を1回でも散布するのと完全に散布しないのでは、事情は全く異なりました。完全に農薬を断ったことで、リンゴの葉は一斉に黒星《くろぼし》病、斑点落葉病、褐斑《かっぱん》病などの病原菌に感染し始めたのです。

斑点落葉病や褐斑病に感染すると葉は黄色に変色し、枝から落ちてゆきます。木村さんのリンゴ園でも、8月までにはほとんどの葉が病気に感染して、黄色く変色し、落ち

斑点落葉病に感染し、黄色く変色したリンゴの葉

てしまいました。葉が落ちると、光合成ができなくなるので、リンゴの実は大きくならず、当然、収穫はできません。

さらに悪いことに、9月になると葉が落ちた枝に、リンゴの花が咲き始めます。

普通は、リンゴの花は5月の上旬に咲きますが、前年の秋には花芽をつくって準備しています。9月に咲く花は、翌年の春に咲くために準備していた花なので、秋に花が咲くと翌年の春に咲く花がなくなります。

案の定、無農薬栽培開始後の2年目の春には、木村さんのリンゴ園に一つもリンゴの花が咲きませんでした。

木村さんも葉が落ちるのを黙って見ていたわ

けではありません。リンゴが病気に感染するのを防ぐために、酢、焼酎、塩、ニンニク液、牛乳など人間が食べているありとあらゆるものを畑にまいて試しました。

しかし、何をまいても、全く効き目はありませんでした。何を散布しても相変わらず葉は病気にかかり、黄色に変色して枝から落ちました。

完全無農薬栽培を始めてからリンゴが収穫できなくなったので、木村さんの生活は大変困窮しました。それでも、木村さんは完全無農薬栽培を8年間続け、とうとう、8年目には生活が全く成り立たなくなってしまいました。絶望の中で、死をもってこの失敗を償おうと、木村さんは決断しました。

無農薬でもドングリは育っている

リンゴ園に夕闇《ゆうやみ》が迫る頃、リンゴ箱を縛る梱包《こんぽう》用のロープをもち、木村さんはリンゴ園の上に広がる岩木山に向かって歩き始めました。2時間ほど登ったところで、ロープを垂らすのにちょうどよいドングリの木を見つけました。ロープをかけようとした時に、ドングリの木がリンゴ園とは全く違い、病気にかからず、虫に食べられずに葉が育っていることに気づきます。

無農薬でも、ドングリは育つことができる。

そこに、木村さんが求めていたものがありました。

リンゴ園と何が違うかは、土を見て分かりました。ドングリの木の下には柔らかく、湿気に満ちたよい匂いのする土がありました。リンゴ園の土は、いくら堆肥を与えてもドングリの木の下の土のようないい匂いはしません。

木村さんは、この時気づいたのです。

「自然を抑えるのではなく、自然に近づくことだ」と。

それまでの8年間の無農薬でのリンゴ栽培は、確かに農薬を使ってはいませんでしたが、病気を抑えることだけに気を使ってきました。普通のリンゴ栽培のように、農薬をまいて病気を抑えるという発想の延長にいました。

「自然の中で育っている植物は、農薬を散布しなくても立派に育ち、果実をつけている。その通りにすれば、リンゴも実るはずである」と……。

木村さんが普通の栽培と完全に決別し、自然を抑えることから自然に近づく方向に歩み出した瞬間でした。

木村さんがこのことに気づくまでに8年かかりました。

この後、栽培法を変えてから、リンゴ園は見る見る変わってゆきます。そして、ついにある5月、木村さんのリンゴ園一面に白い花が咲きました。

じつに、無農薬栽培を始めてから11年が経っていました。

世界でも初めての、完全無農薬、無肥料栽培リンゴの誕生です。

2012年11月現在、木村リンゴ園には相変わらずリンゴが実っています。

ほとんどの葉には黒星病の黒い病斑やハマキムシやキンモンホソガの食害の痕が残っていますが、リンゴはたわわに実っています。

そのリンゴは、小粒で、糖度がやや低く、一部病気の痕跡があり、リンゴ市場では規格外の認定を受けるかもしれません。しかし、見た目のよくないこのリンゴは、食べてみれば普通のリンゴと違うことが直ぐに分かります。おいしいのです。慣行栽培でつくられた最高級のリンゴとはまた違うおいしさです。

みずみずしく、素直で、ほのかに甘い。しかも、腐りにくい。

木村さんが苦労して成功した「奇跡のリンゴ」は、リンゴの味まで変えてしまったのです。

下草が伸び放題の不思議なリンゴ園

私が、初めて木村さんのリンゴ園を訪れたのは2003年7月です。木村さんが無農薬でのリンゴ栽培に成功してから15年が過ぎた頃です。

その当時は、木村さんの無農薬・無肥料栽培はまだマスコミに取り上げられることもなく、「奇跡のリンゴ」のことは日本ではあまり広く知られていませんでした。

私は、弘前で行われた木村さんの講演会のポスターをたまたま見て、木村さんの栽培法に興味をもちました。

講演会の前に木村さんのリンゴ園を見学する機会があり、その時初めてリンゴ園を訪れました。

岩木山を背景に木村秋則さん(左)と著者

一見して、木村さんのリンゴ園は大変奇異に映りました。下草が伸び放題で、とても普通のリンゴ園のようには見えなかったからです。

しかし、農薬をまかないでも育っているリンゴを見、そして木村さんの話を聞くうちに、無農薬・無肥料でリンゴが栽培できるのは、本当なのだと実感しました。同時に、リンゴ園で起きていることの不思議さに惹《ひ》かれました。

それから、大学の研究室から車で30分ほどの木村リンゴ園に出向くようになりました。最初は、自分の研究対象にしようとは考えず、好奇心から通っていました。

最初の頃は木村リンゴ園で何が起きているかは、見当もつきませんでしたが、土や葉を研究室にもち帰って調査し、リンゴ園の観察を繰り返すうちに、木村さんの栽培法は農学より生態学からアプローチすべきだということに気づきました。

生物と環境の関係を研究する生態学からのアプローチ

生態学は、生物学の一分野で、生物と環境の関係を研究する学問分野です。

生態学からアプローチすべきであると感じたのは、私の研究者としてのバックグラウンドと関係しています。

私は大学で農学（作物学）を勉強し、その後大学の附属農場に勤務して作物栽培について研究しました。しかし、単純な農業生態系の中で生産効率を上げることを目指す農学より、多様な生物の相互作用によって支えられた複雑な自然生態系に興味をもつようになり、アメリカの大学に2年間留学して植物生態学を学びました。

農学と生態学両方の研究をしてきたことは、「奇跡のリンゴ」を研究する上でずいぶんと役に立ちました。

木村さんが岩木山に広がる自然の林から無農薬・無肥料栽培のヒントを得たように、「奇跡のリンゴ」の解明には自然の生物群集の研究が参考になるかもしれない。

そのように考えると、次第に「奇跡のリンゴ」の謎も自分なりに理解できるようになり、木村リンゴ園の中で起きていることもおぼろげながら見当がつくようになってきました。

「奇跡のリンゴ」には再現性がある

「奇跡のリンゴ」を科学の研究対象とするには、前提条件が少なくとも二つあげられます。

それは、再現性があることと、メカニズムの解明が可能なことです。

同じことが繰り返されることを科学では「再現性」といいます。

「たまたま運がよかったから成功した」では、科学的に研究しようがありません。

それが、木村さんだけの1回きりの成功ではなく、どの人が試みても成功するなら、「奇跡のリンゴ」には、何か成功に導く理由が潜んでいることになります。

科学が研究対象とするものは、「再現性がある」ことが必要なのです。

「奇跡のリンゴ」に「再現性がある」ことは直ぐに確認できました。

弘前市には、「奇跡のリンゴ園」がもう一つあります。木村さんの指導を受け、20年以上前にリンゴ栽培を始めたS氏のリンゴ園です。そこは、リンゴ園の下草の生え方も、リンゴの木の状態も木村リンゴ園と似た特徴をもち、無農薬・無肥料でもリンゴが実っています。

「奇跡のリンゴ」をつくれる人は、木村さんだけではありませんでした。

また、「奇跡のリンゴ」の栽培技術は、現在「自然栽培」として、イネ、トウモロコシ、茶、ニンジン、トマト、ジャガイモなど多くの作物に広がり、いずれも成功を収めています。

これらの例で分かるように、「奇跡のリンゴ」の栽培技術は木村さん以外の人でも利用することができます。

つまり、「再現性がある」のです。

「奇跡のリンゴ」は科学的な研究対象にすることが可能であり、また一般的な技術として普及できることを示しています。

しかし、木村さんの農法に懐疑的な農業関係者は多くいます。

その大きな原因は、現在の農学の常識では「奇跡のリンゴ」の成功をうまく説明できないことにあります。これまでの農学の知識から「奇跡のリンゴ」が成功した理由を説明することは、なかなかの難問です。

「奇跡のリンゴ」の栽培法が、これまでのリンゴ栽培の常識とあまりにもかけ離れているからです。

残念ながら、まだ「奇跡のリンゴ」が成功した科学的メカニズムの詳細は、解明されていませんが、その「枠組み」なら示すことができるようになっていると私は考えます。

自然栽培は自然との調和を目指す

「奇跡のリンゴ」の解明は、それ自体、農業技術の進歩にとって重要なことですが、私は「奇跡のリンゴ」は、それ以上に現在の私たちの文明や生き方に対して重要なメッセージを投げかけていると考えます。

これまでの自然科学は、物質やエネルギーの利用技術を発明することで近代文明の発展に大きな貢献をしてきました。しかし、近代文明は化石エネルギーの大量消費と自然からの資源の収奪の上に成立している、持続不可能な側面ももっています。

それに対して、木村さんの自然栽培は自然からの収奪ではなく自然との調和を目指した技術です。

そこに、この技術の歴史的意味があります。

「奇跡のリンゴ」を導いた自然栽培には、多くの謎があります。

本書ではその謎をひもといてゆきたいと考えています。その謎とは具体的には次のようなものです。

1　自然栽培とはどのようなものなのか？
2　肥料を与えないでなぜ作物ができるのか？
3　農薬を使わないでなぜ害虫や病気の被害を受けないのか？
4　自然栽培を構成する技術の特徴は何か？
5　自然栽培は日本の農業にどのように貢献するのか？

1の謎は第一、二章で、2の謎は第三章で、3の謎は第四、五章で、4の謎は第六章で、5の謎は第七章で取り上げます。

本書を読むことで、「奇跡のリンゴ」が私たちに投げかけている重要なメッセージを理解していただけたら幸いです。

第一章　生物の力を利用する自然栽培

古代の農業は収穫量が現在の2割以下

農業は作物や家畜を育て、利用する技術ですが、その目指す方向は自然の束縛から解放されることでした。農業にとって自然は脅威です。放っておくと雑草が生え、作物に病気や虫がつきます。

自然では当たり前のことが、農業では害になります。

農業が進歩するにつれ、農地は自然から切り離され、元々は自然の環境の中に生きてきた植物や動物が、人間の制御する条件に合うように作物や家畜として改良されてきました。しかし、木村さんの自然栽培は、これまでの農業と全く逆の方向を向いています。自然栽培とは何かを理解するには、これまでの農業が辿《たど》ってきた歴史を振り返る必要があります。

人類が誕生したのは20～30万年前のアフリカとされていますが、種をまき、育て、収穫するという農業の形態が始まったのは、1万年くらい前と考えられています。

人間が農業を始めたのは、人類の歴史の中でも、比較的最近のことなのです。

シリア北部のユーフラテス川沿いの遺跡からは、9000年前のコムギやオオムギの種子が見つかっています。中近東は、コムギやオオムギが進化した場所なので、農業といっても、最初は周りに生えている野生のムギを採集する原始的な形態だったのでしょう。

この時期の収量（単位面積当たりの収穫量）は1ヘクタール当たり0・5〜1トン程度と推察されており、現在の水準の2割以下です。

作物の生育には窒素、リン酸、カリウムなどの栄養素の供給が必要です。土壌が作物の生育に必要な栄養素を供給する力は、地力《ちりょく》と呼ばれています。歴史の記録を見ると、昔の農業は地力を維持することに苦労してきたことが分かります。

ギリシャ・ローマ時代はムギを作つけした翌年は、作物をつくらず土地を休ませる2年1作の栽培が一般的でした。畑を休ませ、土壌に肥料として最も重要な窒素を回復させる必要があったからです。

その後、中世のヨーロッパでは、作物栽培と畜産を組み合わせた有畜農業が取り入れられ、家畜を養うためのクローバやカブなど飼料用作物をムギと交互に栽培する輪作が普及します。

この農業の利点は、家畜から出た糞尿《ふんにょう》を堆肥として畑に戻すことで地力の維持ができることです。日本でも、江戸時代の水田には地力を維持するために人間の糞尿が積極的に活用されていました。

また、クローバのようなマメ科植物は根に空気中の窒素ガスからアンモニアを合成する窒素固定細菌を共生させているので、土壌の中の大事な栄養素である窒素を回復させる働きをします。地力の維持は、昔から農業の最大の問題であり、畑を休ませたり、窒素固定をするマメ科作物を植えたり、堆肥や人の糞尿などの投入により地力維持を図っていました。

それでも、中世ヨーロッパのコムギ収量は1ヘクタール当たり1トン程度と現在のヨーロッパの収量水準の2割程度でした。

当時はまだ、植物が窒素などの土壌中の栄養素を吸収する仕組みが分かっておらず、堆肥などにより地力を維持する完全な有機農業でした。

化学肥料と農薬の使用を前提にした近代農業の準備

19世紀半ばになると、堆肥などの有機肥料から化学肥料への転換が起こり、収量の増加が顕著になります。

ドイツの化学者リービッヒは、植物の根が無機塩として窒素やリン酸を吸収していることを解明し、リン酸やカリウムなどの鉱物由来の化学肥料が与えられるようになりました。

また、作物生産の基となる光合成は多くの酵素が関与する複雑な化学反応により構成されていますが、酵素をつくるには多量の窒素が必要になります。1908年には空気中の窒素と水素からアンモニアを化学的に合成する方法が発明され、窒素肥料が工業的に生産されるようになりました。

窒素肥料の化学的合成が可能になったことで、有機物を土地に与えなくても作物は充分な生育を行うことができるようになり、地力の問題は一気に解決され始めます。

一方、19世紀末には、硫酸銅と石灰の混合物（ボルドー液）が作物の病気を抑制することが発見され、効果的な農薬として使われるようになります。こうして、化学肥料と農薬の使用を前提にした近代農業の準備ができます。

「緑の革命」で作物収量が顕著に向上

第二次世界大戦終了後の1950年代から作物収量は急速に増加しました。

この増加は「緑の革命」といわれる一連の農業技術が組み合わさってできた結果です。「緑の革命」をもたらした技術には、化学肥料の製造法の発明、作物品種の改良、病原菌や害虫、雑草防除のための合成農薬の開発、灌漑《かんがい》などの農地整備があり、これらが組み合わされて、慣行栽培と呼ばれる現在の作物栽培技術が構成されています。

特に空気中の窒素ガスからアンモニアを工業的に製造することに成功したことで、化学肥料が安価に供給でき、作物収量の顕著な向上に貢献しました。

しかし、化学肥料を与えても、それまでの作物品種は多量の窒素を利用することに慣れていないため、あまり収量は伸びませんでした。古い品種は多くの窒素を吸収すると草丈が伸び過ぎ、実をつけるとその重さを支持できなくなり、地面に倒れやすくなるためです。

台風の後に、水田のイネが倒れているのを見ることがありますが、古い品種は台風に遭わなくても自然に倒れることが多かったのです。自然の土壌中には窒素がいつも不足しており、昔の作物品種はそれまで大量の窒素を吸収する機会がなかったため、多くの窒素を利用することに適応できていなかったのです。

そこで、窒素肥料の効果を活かすために、イネやムギでは多くの窒素を与えても植物体が倒れないように草丈の低い品種の開発が進み、収量は一気に増えました。

草丈の低い多収性のコムギ品種を開発したことで、アメリカの農業学者、ノーマン・ボーローグは1970年にノーベル平和賞を受賞しています。

自然の中では植物は周囲の雑草との競争に勝つために、草丈を高く伸ばすことが重要ですが、新しい作物品種は草丈が低いため雑草との競争に弱くなり、また多くの窒素を吸収することで葉は病気や虫の被害も受けやすくなりました。病原菌や害虫、雑草を殺す合成農薬の開発は、化学肥料を大量に与える農業には不可欠となりました。

また、畑に水が充分ないと窒素投与の効果も生まれないので、農地の灌漑整備も必要

■作物栽培法の種類

慣行栽培	化学肥料と合成農薬を使った通常の農業
有機栽培	化学肥料と合成農薬を使わずに、認可された有機資材だけを使って栽培する農業
放置栽培	化学肥料と合成農薬を使わずに、作物を植えて何もしないで収穫を待つ農業
自然栽培	化学肥料と合成農薬を使わずに、生物の力を使って栽培する農業

になりました。

このように、化学肥料の発明、窒素を効率的に利用できる新しい品種の開発、合成農薬による病害虫・雑草の防除を組み合わせて初めて顕著な収量増加が可能になりました。

このおかげで、作物の収量は大幅に増えました。コムギでは1ヘクタール当たり5トンを超えるようになり、有機農業時代の5倍に増えました。「緑の革命」は、いくつかの農業技術を補完的に組み合わせることにより著しい収量増加を可能にしたのです。

遺伝子組み換え作物の誕生

「緑の革命」の多くは、化学の技術によって支えられています。

窒素肥料の製造や、殺虫剤や殺菌剤、除草剤の開発・製造は化学の知識と技術を用いることで可能になりました。化学肥料を大量に与えて作物の生育を促しながら、農薬により作物以外の生物を排除することが「緑の革命」の基本的考えです。

20世紀後半には、バイオテクノロジーの発展により、人間が遺伝子を操作することが可能になりました。遺伝子操作技術は作物改良にも使われ、多くの遺伝子組み換え作物が誕生しました。現在、アメリカ、カナダ、アルゼンチン、ブラジルなどの農業国では、大豆やトウモロコシ、ナタネなどで遺伝子組み換え作物が広く使われています。

現在の遺伝子組み換え技術のほとんどは、雑草防除と害虫防除を目的としたものです。雑草防除で使われている遺伝子組み換え技術は、特定の除草剤に耐性をもつ土壌細菌の遺伝子を見つけて、それを作物に導入することです。除草剤をまいた時に遺伝子を導入した作物は枯れませんが、雑草はすべて枯らすことができます。

それまでは、雑草を防除するために複数の除草剤をまく必要があったのですが、遺伝子組み換え作物を利用することで一つの除草剤で雑草を効果的に防除することが可能になりました。

また、バチルス属の細菌は昆虫の消化管を壊すタンパク質をつくることが知られていました。この殺虫タンパク質をつくる遺伝子を作物に導入すると、作物が昆虫を殺すタンパク質を自らつくるようになり、作物を食べた虫が死にます。殺虫タンパク質をつくる遺伝子組み換え作物により、害虫防除のために使われる殺虫剤を減らすことができるようになりました。

遺伝子組み換え技術は応用範囲が広い技術ですが、作物栽培でのこの技術の利用は、雑草や害虫の防除を効率的に行うことが中心になっています。遺伝子組み換え技術は「緑の革命」をさらに効率的に発展させました。

『沈黙の春』によって注目され始めた有機農業

「緑の革命」が世界各地で作物の著しい収量増加をもたらし、成功を収めている中、1962年に出版されたレイチェル・カーソンの『沈黙の春』は世界に大きな衝撃を与えました。

カーソンは本の中で、合成農薬の安易な使用により自然の生物が不必要に殺されている事実を繰り返し取り上げ、合成農薬の過剰な使用により生態系のバランスが壊れる懸念を表明しています。毎年、新たにつくり出される多くの化学物質が生態系にばらまかれ、生物が毒性のある化学物質を体内に取り込み、その生物を他の生物が食べることで体の中の化学物質がさらに濃縮される。生態系の上位にいる鳥は、魚や昆虫を食べることで毒性のある化学物質が濃縮され、最後は死に至り、いつの日か、鳥の鳴かない静かな春を迎える。カーソンの『沈黙の春』は、大量の農薬使用を前提にした「緑の革命」の成功の裏に隠されている問題点を明らかにしました。

カーソンの時代には、農薬の安全基準が緩く、DDTなど現在使用禁止になっている農薬が広く使われていました。『沈黙の春』は世間の注目をあび、合成農薬を使用しない有機栽培が注目される契機になりました。

日本では1975年に有吉佐和子氏の『複合汚染』も出版され、有機栽培に対する関心が高まりました。2000年には、農林水産省により有機JASの規格が制定され、国から有機栽培へのお墨つきが与えられました。この法律により、有機栽培で利用できる資材の種類が決められ、当然ながら化学肥料と合成農薬は有機栽培では利用できなくなりました。

有機栽培は、「緑の革命」の負の側面に目を向け、化学肥料と合成農薬を否定することで昔の農業に戻ろうとする試みといえます。

福岡正信が唱えた何もしない農法

有機栽培は「緑の革命」が前提にした農薬による環境汚染の問題に対抗する形で注目されました。しかし、日本では1930年代から無農薬・無化学肥料での栽培を提唱していた人がいます。「自然農法」を提唱して自ら愛媛県の農場で実践した福岡正信です。

福岡正信は若い頃は、農林技師として植物の病気の研究をしていましたが、ある時から急に哲学にのめり込みます。

福岡正信は、いろいろな技術を寄せ集めた近代の農法に疑問を感じ、一つ一つの農業技術を否定して、何もしない農法にいき着きます。何もしないことで、自然に近づこうとしたのです。

福岡正信から見ると、近代農業は、畑を耕し、肥料を与えることで自然に対して余計なことをしているように映ります。何もしないことが善だという彼の思想は、結果として、化学肥料と合成農薬の否定ばかりでなく、畑を耕すという昔からの栽培技術すべてを否定します。そうすることで、農業が本来の自然に戻ることが可能になると考えたのです。

福岡正信は、自分の何もしない農法を「自然農法」と名づけ、それに関する多数の著作を残しました。晩年の彼の著作は独特の哲学に彩られ、一般の人には理解が難しいものになっています。

それでも、「自然農法」は、日本ばかりでなく世界の多くの人に影響を与えました。しかし、2008年に彼が他界した後、福岡正信の自然農法の技術が一般農家に受け継がれているという話は聞きません。福岡正信の自然農法は、観念が先に立ち、技術の確立が後回しになったことは否めません。

有機栽培と自然栽培

有機栽培も福岡正信の自然農法も、ともに化学肥料と合成農薬の大量使用を前提とした近代農業（慣行栽培）に対する疑問から生まれましたが、二つの栽培法には以下の違いがあります。

有機栽培は合成農薬や化学肥料という近代の「化学」技術を否定してそれらを使用しない「過去」に回帰する動きであるのに対して、「自然農法」は「自然」に回帰して栽培技術としての「科学」を否定する動きといえます。

木村さんが提唱している自然栽培も化学肥料と合成農薬を使用しませんが、それでは、自然栽培は有機栽培や「自然農法」とどこが違うのでしょうか？

自然栽培を理解するには、木村さんが「奇跡のリンゴ」の成功までに辿った道筋を振り返る必要があります。

木村さんが一切の化学肥料と合成農薬を使わずにリンゴ栽培を始めて8年間は、全くうまくゆきませんでした。

この間、木村さんは、化学肥料や合成農薬に代わって病気を抑えてくれる有機資材を探し続けました。そのために試したのが、ニンニク、酢、牛乳などの様々な食品由来の資材でした。

合成農薬の代わりに、生物に害を与えない資材を畑にまいて病気を防除するという発想は、有機栽培そのものです。

つまり、木村さんが無農薬栽培を試みた最初の8年間は有機栽培だったのです。

しかし、有機栽培にいき詰まり、岩木山で死を覚悟した時に、有機栽培の限界を理解しました。有機栽培が結局は「緑の革命」と同じ発想に立っていたことに気づいたのです。

その後は、岩木山の林のようにリンゴ園を自然の状態に近づけることを心がけました。

有機栽培との決別です。

福岡正信も農業と自然の一体化を唱えていました。しかし、自然に任せて何もしなければ、リンゴができるわけがありません。それは「放置」です。

有機栽培で何年続けてもリンゴはできず、「放置栽培」でもできません。木村さんは、有機栽培と放置栽培の間に存在する狭い領域に自然栽培という未知の分野を開きました（34頁の表参照）。

自然栽培の主人公はリンゴの木

「リンゴを実らせるのはリンゴの木です。主人公は人間ではなくリンゴの木です。人間はそのお手伝いをしているだけです」

これは、木村さんが自然栽培を語る時によく使う言葉です。

じつは、ここに自然栽培の本質があります。

リンゴ栽培をゲームにたとえると分かりやすいでしょう。

このゲームでは、雑草、昆虫、微生物のすむリンゴ園にリンゴを実らせたら勝ちです。「緑の革命」に由来する慣行栽培は、生産者が中心的プレイヤーとしてゲームを支配します。プレイヤーは化学肥料をリンゴに与えながら、化学合成された殺虫剤・殺菌剤をまいてリンゴ園の中の生き物を殺すことで、ゲームを成功に導きます。

ここで、大事なものは、化学肥料と合成農薬です。この装備を備えていれば、誰でもゲームで成功することができます。

しかし、この栽培法では装備があまりにも強力なため環境に悪い影響を与えるので、装備をより自然な素材にしたのが有機栽培です。

有機栽培では、装備がずっと軽装になります。化学肥料の代わりに堆肥をリンゴ園にまいて地力を上げ、合成農薬の代わりに天敵昆虫などの自然素材で害虫を殺そうとします。しかし、装備の機能低下は避けられず、リンゴの木を襲ってくる虫や病原菌を完全に撃退することはできず、ゲームで勝利する効率は慣行栽培にはかないません。

ここで、強調したいのは、慣行栽培、有機栽培ともに、生産者がゲームの主要なプレイヤーであることです。

一方、放置栽培では、生産者はプレイすることをやめ、ゲームを傍観します。害虫や病原菌がリンゴを襲っても見ているだけです。当然、何もしないのでゲームで成功することは難しく、リンゴの木は害虫や病原菌による大きな被害を受け、ゲームに勝つことはできません。

それに対して、自然栽培では、生産者がプレイヤーをやめるのは放置栽培と同じですが、傍観するのではなく監督としてゲームに参加します。

自然栽培のスタイルは、ゲームのプレイをリンゴ園にすむすべての生き物に任せることです。

リンゴ園には、リンゴに害を与える敵対するプレイヤーもいれば、敵を抑える味方のプレイヤーもいます。それらは、地力をつくるプレイヤー、病原菌と戦うプレイヤー、害虫を防ぐプレイヤーなどいろいろです。

生物の多様性を促す

監督の役割は、敵の動きを抑える味方のプレイヤーを元気にすることです。そのためには、まず、有力なプレイヤーを集め、彼らを緊密に結びつけて強力なチームにすることが大事で、それが自然栽培というゲームでの監督の役割です。

有機栽培と自然栽培の根本的違いは、プレイヤーとして振る舞うか、監督として振る舞うかの役割の違いにあるのです。

天敵を例にとれば、両者の違いは分かりやすくなります。

有機栽培では人工的に飼育した天敵を合成農薬の代わりにリンゴ園に放します。しかし、自然栽培では、リンゴ園の環境を天敵に合うように変えて、天敵をそこにすみ着かせます。天敵を害虫防除に使うにしても、散布するのとすみ着かせるのでは、考え方が大きく違います。

簡潔にいえば、自然栽培の基本的考えは、肥料・農薬をまく代わりにリンゴ園の中にある「生物の力」を利用するということになります。

このスタイルは、これまでの農業には見られない全く新しい考え方です。

サッカーでは、プレイヤーは同じでも監督が交代することでチームが急に弱くなったり、強くなったりすることがよくあります。監督の役割は、プレイヤーの間に緊密な連係をつくり、ボールをコントロールして相手ゴールを奪いやすくすることです。このためには、「プレイヤーの力」をうまく引き出すことが必要です。

監督の役割はプレイヤー以上に重要であり、監督には経験とゲームに対する深い知識が要求されます。

木村さんは、リンゴ栽培でプレイヤーから監督に立場を変えることで、今まで見えなかったことが見えてきました。

まず、土壌が悪くリンゴの木が栄養不足であることに気づきました。そこで、大豆やムギという新しいメンバーをリンゴ園に加えて、土壌をよくしました。

続いて、今まできれいに刈っていた下草を刈らずに伸ばしました。すると、そこに様々な昆虫がすみ着くようになり、生物の多様性が高まりました。そうすると、リンゴ園の中では、今まで優勢だった葉を食べる虫や病気を引き起こす菌の勢いが次第に抑えられてきました。

木村さんは、プレイヤーから監督へ役割を変えることの重要性に気づいてから、わずか3年間という短い期間で見事にリンゴ園を蘇《よみがえ》らせることに成功しました。

この短期間の成功は、初めの8年間の絶望的な日々の中でも、リンゴ園の中の虫や病気を丹念に観察して得た知識と経験があったから可能になったのです。絶望の8年間は決して無駄ではありませんでした。

自然栽培とは「生物の力」を利用する農業である

「自然栽培とはどのような栽培なのでしょうか?」

このような質問を受けることがあります。

私は、それに対して、「自然栽培とは生物の力を利用する農業です」と答えています。

「生物の力」とは決して神秘的な神がかりの力を意味するものではありません。自然の生物界に普通に存在している力なのです。

自然栽培で利用する「生物の力」は少なくとも3種類あります。

一番目は、肥料の代わりに地力を高める「植物―土壌フィードバック」、二番目の力は殺虫剤の代わりに害虫を防除する「生物間相互作用ネットワーク」、三番目は殺菌剤の代わりに病気を抑える「植物免疫」です。

次章から、これらの「生物の力」とはどのようなもので、それが自然栽培の中でどのように働いているかについて説明します。まず最初に、生物群集の中で重要な役割を果たす競争がどのように「生物の力」をつくり出すかを見てみましょう。

第二章 多様性が生産性を上げる

木村リンゴ園の特徴は生物の多様性が高いこと

リンゴ園には、植物、昆虫、微生物など様々な生物がすんでいます。無農薬・無肥料栽培を行っている木村リンゴ園の特徴は、生物の多様性が高いことです。

私たちの研究室で行った調査では、慣行栽培ではリンゴ園の下草は8種程度しか観察されませんが、木村リンゴ園では16種と2倍以上も多様な下草が観察されます。

慣行栽培のリンゴ園の下草は白クローバやタンポポ、オオバコなど空き地によく見られる雑草が主体で、土がむき出しの裸地も目立ちますが、木村リンゴ園には、オーチャードグラスなどのイネ科の草に混じって、ヒルガオ、ヤブガラシのようなつる植物やヒメスイバ、ツユクサ、トウバナなどの草が所々に生え、草原のような外観を示しています。

この多様さ以外に、木村リンゴ園の下草を特徴づけるのは、生物群集としてのまとまりです。

表現するのが難しいのですが、木村リンゴ園ではいろいろな種類の草が混じり合って互いにバランスをとりながら生育しています。

私はこれまで、自然栽培を始めて数年のリンゴ園を見る機会がありましたが、いずれも下草の生え方が木村リンゴ園とは違いました。生物群集としてのまとまりは見られず、特定の草があちこちで旺盛な生育をするなど、構成種が勝手に集まっている印象を受けました。

つまり、生物と生物の間に生じる関係の発達具合が、木村リンゴ園と自然栽培を始めて間もないリンゴ園では違うのです。この生物と生物の間に生じる関係が、自然栽培で利用する「生物の力」を生み出す源です。

競争、捕食、寄生、相利という4種類の生物間相互作用

自然の中で生きている生物の間には、生物同士のいろいろな関係が生じます。生態学では、これらの関係を生物間相互作用と呼びますが、生物間相互作用は、互いの損得関係から競争、捕食、寄生、相利の4種類に分類できます。

競争は餌やすみ場所を奪い合う関係で、植物と植物、蜜を吸う蝶《ちょう》とミツバチのように

同じ資源を利用する生物間に生じます。また、人間の目には見えない微生物の間にも競争は生じます。

競争者同士は互いに同じ餌を消費して餌の量を減らすので、競争者同士の関係は互いにマイナスになります。

一方、リンゴと、リンゴの葉を食べる虫の間には競争関係は生じませんが、食べる・食べられるという関係が生じます。これは捕食の関係です。葉を食べる昆虫が一方的に得をして、食べられるリンゴは損をします。

リンゴと病気を引き起こす病原菌の間には寄生の関係が生じます。寄生も病原菌（寄主）が一方的に得をして、リンゴ（宿主）は損をする関係です。

さらに、互いが利益を与え合う関係の相利もあります。例として、リンゴとミツバチの関係があります。この場合は、ミツバチはリンゴの花の蜜を吸うだけではなく、その報酬としてリンゴの花の受粉の手助けをします。葉を食べる昆虫と違い、ミツバチはリンゴに利益を与えているので相利の関係になります。

生態学では、生物社会のことを生物群集と呼びます。

生物群集には、そこに住む生物の間に複雑な相互作用が発達しています。

さらに生物群集にエネルギーの流れや物質循環などの機能を含めたものを、生態系と呼びます。

リンゴ園では、リンゴの木以外に下草、昆虫、微生物などそこにすむ生物すべてが群集を構成し、リンゴの収穫量はリンゴ園の生態系機能に当たります。

「奇跡のリンゴ」の秘密を明らかにするには、リンゴ園を構成している生物間にどのような相互作用が働き、そしてその相互作用によって生態系機能、つまりリンゴの収穫量がどのように影響を受けているかを明らかにすることが必要です。

競争は、生態学者が昔から研究してきた重要な研究課題です。

以下で、競争という生物間の関係が生物群集の構造にどのような影響を与え、そのことで生態系機能がどう変わるかを、三人のアメリカの生態学者、ハッチンソン、マッカーサー、

■生物A、B間に生じる相互作用の分類

	A	B
競争	−	−
捕食	＋	−
寄生	＋	−
相利	＋	＋

（利益は＋、損は−で表す）

ティルマンによる研究成果から見てみましょう。

均一な環境では競争排除が起こる

競争は、生物進化の原動力となる重要な要因で、生物群集の構造をつくる重要な相互作用でもあります。

競争は私たち人間にもなじみ深い言葉です。人間社会にも競争があります。入試や就職では多くの若者が狭い枠をめぐって競争します。また、企業の間にも競争があり、国家の間にも競争があります。

競争は勝者と敗者を生み、勝者と敗者の間に格差をつくります。人間社会での競争の役割には評価が分かれます。競争は社会の活性化に必要であると主張する人もいれば、競争は社会に格差をつくるので悪であると主張する人もいます。

それでは、自然の生物群集では競争はどのような役割を果たしているでしょうか？

このことを理解することは、人間社会での競争をどのようにとらえるかを考える上でも参考になると思います。

競争研究の基礎をつくったのはロシアの生態学者、ゲオルギー・ガウゼです。

ガウゼは、2種のゾウリムシを飼育槽で混合飼育したところ、充分な餌があるにもかかわらず、競争に強い種が弱い種を絶滅させることに気づきました。その後、いろいろな生物で試みても、やはり混合飼育をすると競争に強い種が弱い種を絶滅に追い込む結果となりました。

この現象は、競争排除として知られており、競争者間で資源を均等に分け合うことはなく、競争が起こるところでは必ず勝者と敗者が生まれ、勝者が資源を独り占めするというものです。

競争排除の実験には、じつは続きがあります。飼育槽に石を置くなど飼育槽の内部を少し複雑にするだけで2種のゾウリムシは競争排除を起こさずに、長期的に共存することができるのです。

つまり、競争排除には、「単純で均一な環境条件で競争が起きた場合」という前提条件がつきます。実際の自然環境は大変複雑なので、競争排除により種が絶滅することはあまり起こりません。

それでは、なぜ、競争排除の原理が重要かというと、これがニッチという、生態学における重要な概念をつくり出す出発点になっているからです。

ニッチの分化は競争者間の共存をもたらす

ニッチは、最近では経済用語として定着していますが、元々は生態学の用語です。ニッチを明確に定義して、生態学に利用したのは、エール大学のエブリン・ハッチンソンでした。彼は、ニッチを、種が利用する一連の環境範囲と定義しました。

競争は餌やすみ場所をめぐる争いです。

競争が起こるということは同じ餌や住み場所、つまり同じニッチを共有していることになります。

このニッチの考え方を使うと、競争排除は、「同じニッチをもつ種は必ず競争をし、その結果、勝者と敗者に分かれるので共存はできない」と表現できます。

飼育槽に石を入れると競争排除が起きなくなったのは、環境が複雑になることで競争を避けることのできる新しいニッチができたためです。

ニッチを分かりやすくいえば、それぞれの種が生活するための職業と表現できます。人間社会にたとえれば、昔の商店街を思い浮かべればよいでしょう。

昔の小さな町の商店街には八百屋《やおや》、魚屋、肉屋、床屋などが軒を並べていました。小さな町では八百屋は1軒で充分です。2軒の八百屋ができると、どちらかは赤字になり閉店せざるをえません。つまり、競争排除が起きます。しかし、2軒の八百屋のうち、一方が野菜を扱う店に、他が果物を扱う店に分かれることで、二つの店は競争を避けて共存できます。

利害が対立し競争している生物間には共生は不可能ですが、競争により得意なニッチにすみ分けることで共存が可能になります。

肉でも野菜でも魚でも何でも揃《そろ》えている店は、他に競合店がない場合は繁盛するでしょう。しかし、そういう店は品揃えが悪くなり、管理もいき届かなくなります。近くに、肉だけを扱う専門店ができれば、品揃えがよいので、客は専門店に流れるでしょう。

何にでも手を出すことは、結果として客を引き寄せる得意分野を何ももたないことになります。

生物は自分に適した環境に特化するよう進化する

一つの特性を選ぶことで他を犠牲にすることをトレードオフと呼びます。例えば、床屋になるという選択は魚屋になるという選択をあきらめることです。人間は将来のいろいろな可能性をもって生まれてきますが、人生の岐路で一つの選択をすることで可能性を一つずつ失ってゆきます。生物もすべての環境条件で万能になることはできません。

ある環境に適応するということは別の環境への適応を捨てるということです。こうして、生物は自分に適した環境に特化するように進化しているのです。競争がある場合は、得意分野をもたない「何でも屋」が不利になります。

身近な例では、衣料品、靴、スポーツ用品など一つの分野に特化した専門店を消費者は好みます。また、スーパーマーケットとコンビニエンスストアにはいろいろな商品が揃っていますが、家族の1週間分の食材を買いにコンビニにいく人はいませんし、昼の弁当を買いに遠くのスーパーマーケットにいく人もいません。スーパーマーケットとコンビニでは消費者が求めるものが違うので競争を避けることができます。

トレードオフと競争は一つのセットです。

競争に勝つためには、自分の得意な分野を見定め、そこを強化して競争力を確保する戦略が有利になります。

生物も同じです。

競争がない場合には生物種は広いニッチを占有していますが、競争がある場合には生物種は他種との競争で有利になれる環境範囲に分布を狭め、そのことで、結果的に他種との共存を果たしているのです。

自然の生物群集では競争は生物種のニッチ、つまり得意分野を明確にすることで群集に秩序をつくる役割を果たしているのです。

ニッチの分化は多様な群集をつくる

ハッチンソンの考えを発展させ、生物種がどのようにニッチ分化を通じて自然の群集構造をつくっているかを明らかにしたのは、ハッチンソンの弟子、ロバート・マッカーサーです。

1930年生まれのマッカーサーは、バードウオッチングの好きなナチュラリストでしたが、大学院の修士課程で数学を専攻後、ハッチンソンの研究室で生態学を学び、博士課程を修了します。彼は、研究で直ぐに頭角を現し、その後、ペンシルバニア大学とプリンストン大学で教鞭《きょうべん》をとりますが、残念なことに42歳で腎臓がんのため亡くなります。短い研究者生活にもかかわらず、マッカーサーは自然に対する鋭い観察眼と複雑な生態現象を簡単な数式で記述する能力により、多くの優れた仕事を残しました。

マッカーサーは、種が実際にどれくらい異なれば競争を避けて群集内で共存できるか、また生物群集の中の資源を分割してどれくらいの種が共存できるかに興味をもちました。

彼は、群集の中で種が競争を避けて共存するための資源分割の方法に興味をもち、数学を使った理論をつくりました。同時に、得意なバードウオッチングにより野外観察を行って、鳥にニッチ分化が実際に起きていることを示しました。

アメリカムシクイという北アメリカにすむ鳥は、1本の松の木に異なる5種がすんで餌をとっています。餌の種類が似ている5種であっても、5種のアメリカムシクイは、松の木の上部と下部、外側の枝や内側の幹の近くなど異なる場所を利用することで、1

本の木の中でニッチを分けていることを観察から示しました。

世界的ベストセラーになった『銃・病原菌・鉄』や『文明崩壊』を著したジャレド・ダイアモンドも、若い時にはマッカーサーと同じ問題を追究していました。

ダイアモンドは多才な人で、ハーバード大学やカリフォルニア大学で細胞膜の分子生理学を研究する一方、夏休み期間を利用してパプアニューギニアに出向き、そこにすむ鳥の分布を研究しました。パプアニューギニアの50の島にすむ141種の鳥をその鳴き声により識別し、どの鳥がどの島に分布するか、標高の変化で鳥の分布がどのように変化するかを調べました。

ダイアモンドが調査した膨大なデータは、やはり、競争によるニッチ分化がパプアニューギニアの鳥にも起きていることを示していました。同じようなニッチをもつ種は同じ島には分布せず、同じ島にすむ場合でも低地と高地で標高を分けて分布していたのです。

ダイアモンドはパプアニューギニアでの体験が忘れられず、後に、分子生理学から地理学の教授となり、文明と環境の問題に研究対象を移します。

こうして、野外の生物群集は無秩序に構成されているのではなく、競争などの生物間の相互作用を通じて群集の秩序がつくり出されていることが認識されるようになりました。

競争がニッチ分化を通じて多様な種の共存をもたらすことを示したマッカーサーの研究は、もう一つの予測をしています。つまり、ニッチ分化が進むと、今まで未利用であった生態系の資源を有効に利用するようになり、その結果、生物群集全体の資源の利用効率が増加するというものです。

例をあげると、今まで八百屋と肉屋と魚屋しかなかった町に新規参入による競争が起こり、惣菜屋《そうざいや》、漬け物屋や弁当屋など今までなかった店が生まれ、結果として消費者の需要がより満たされるようになるものです。

人間が農業に求めるものは収穫です。いくら奇跡のリンゴ園にいろいろな生物がすみ着き多様になっても、リンゴが収穫できないと意味がありません。

自然栽培により農地の生物多様性は増加しますが、その多様性は本当に生態系の生産性、つまり作物の収量増加に繋《つな》がるのか？

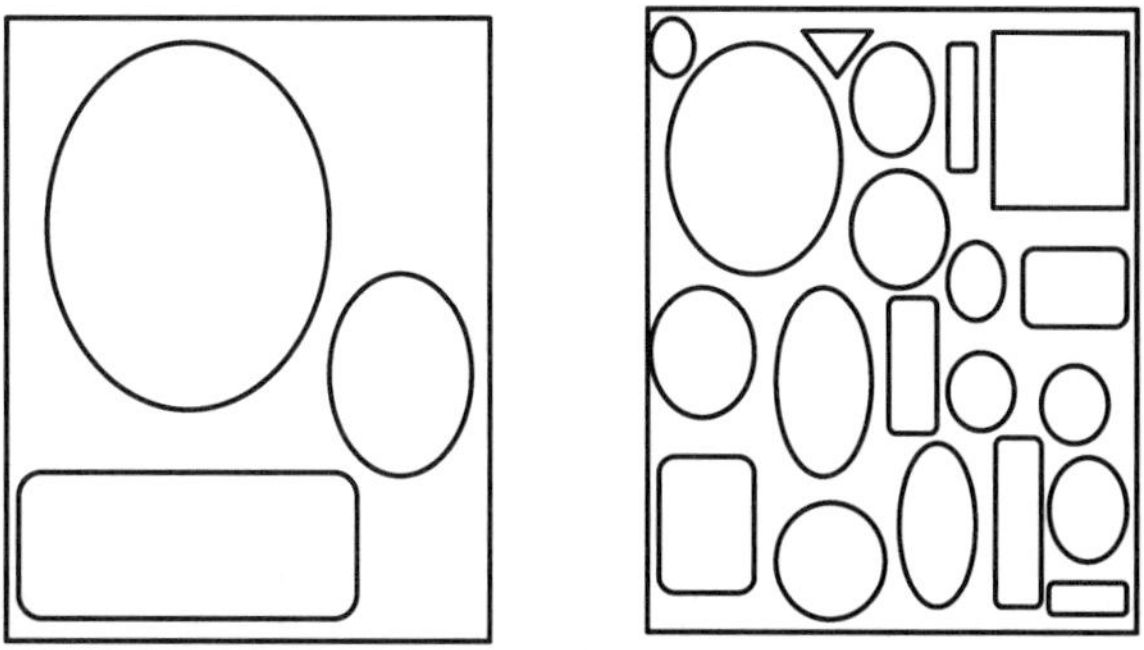

■ニッチと資源利用の関係を表す模式図
各図形の大きさと形はそれぞれの種のニッチの範囲を表す。3種しかいない生物群集（左）では利用されていない空間（資源）が多くあるが、種数が増える（右）につれ、ニッチは細かく分割されて、生物群集の資源は有効に利用される。

種の多様性と生産性の関係は、自然栽培の技術的基礎を解明するための大事なポイントです。

生物の多様性が生産性に結びつく過程

多様な種で構成された生物群集は本当に生態系の生産性を増加させるのかという疑問は、マッカーサーの死後30年を過ぎてようやくミネソタ大学の植物生態学者、デビッド・ティルマンにより本格的に研究されました。

ハッチンソンの論文に刺激を受け、物理学から生態学に専門分野を変えたティルマンは、生物群集における競争とニッチの関係に興味をもちました。彼は、多様な生物群集が本当にニッチ分化を通じて資源を効率よく利用しているかどうかを大規模な野外実験で確かめようとしました。

彼が選んだのは草原を構成する草本植物です。

マッカーサーの予測が正しいなら、多くの種から構成された草原群集はニッチの分化を通じて高い生産性を示すはずです。

彼は、ミネソタ大学のシダークリーク生態系実験地の中に、9メートル×9メートルを1区画とする総計245の区画を設け、そこに1種から16種までの異なる種数で構成された草原群集を人工的につくりました。

この245の区画は、人手により播種《はしゅ》され、植えられた種以外の雑草は人手で除草して維持するという、大変労力のかかる大規模プロジェクトでしたが、得られた成果はその労力に充分見合うものになりました。

この実験は1995年に始められ、現在も継続して調査が行われています。種数が多い草原群集ほど、効率的に資源を利用できるので生産力は高くなるという傾向は、実験開始当初はそれほど明瞭には見られませんでした。しかし草原ができて2、3年後には、単一の種から構成された草原の生産性が最も低くなり、種数の多い群集ほど生産性が高くなる傾向が明らかになってきました。

さらに、この傾向は年数が経つほど増加し、実験開始後15年目の2010年には単一種から成る草原と16種から成る草原の生産力の差は、なんと3倍に広がりました。

また、最も種数の多い16種から構成された草原は8種から構成された草原より生産性が3割ほど増えるなど、種数が多ければ多いほど生産性が上がるという結果になりました。

この実験結果は、生物群集を構成する種の数が多くなるほどニッチ分化を通じて群集の資源の利用効率は上がるとのマッカーサーの予測を支持します。ティルマンの実験によって、多様な種から構成される群集の生産性が高くなる理由も分かってきました。

窒素の吸収量と土壌微生物が関係

単一の種で構成されている草原で生産力が特に低くなることは、病原微生物が関係していることが分かりました。土壌には植物の病気を引き起こす病原微生物が生息しています。

通常、多くの植物種がいる場合は病原性の微生物が爆発的に増加することはありませんが、単一の植物のみが植えられる時は、その植物に特異的に感染する病原菌が増え、病気が大発生しやすくなります。

畑作では、同じ畑に長期間同じ作物を栽培し続けることを避け、毎年栽培する作物を変える輪作が通常行われます。輪作には、同じ土地に異なる作物を栽培することで特定の土壌病害が大発生することを避ける目的があります。

自然界の生物群集は多くの種で構成されているので、普通は土壌病害の大発生はありませんが、人工的に単一種で構成した草原は、畑と同じように土壌病害が発生しやすくなり、そのことが生産性の低下をもたらしたようです。

多様な草原で生産力が高くなるもう一つの原因として、生物群集全体の窒素の吸収量が増えたことがあげられます。多様な植物種がすむことで、土壌中の窒素の分解と循環が活性化され、植物の窒素吸収量も増えたことで生物群集全体の生産力が増加したという結果が報告されました。

まだ理由は詳しく分かりませんが、多様な植物種で構成された草原では、土壌微生物が活性化して窒素循環が促進されるようなのです。

結局、ティルマンらの研究では、多様な植物で構成された草原が高い生産性を示す理由は土壌微生物に原因があるという結果になりました。このことは、植物種の多様なニッチが効率的な資源利用と結びつくという単純な図式ではなく、植物種が多様になることで土壌微生物との関係が強化されて生態系の生産性が高まるという複雑な関係が関与していることを意味しています。

つまり、多様性が他の生物の多様性を生み出し、両者の相互作用が活性化することで生態系の機能が強化されるという考え方です。

商店街の例でいうと、八百屋と肉屋と魚屋しかなかった商店街に惣菜屋、漬け物屋や弁当屋などが集まることで人が集まるようになり、そのことが映画館や書店、ゲームセンターなどの娯楽も楽しめる店の進出を促して商店街全体の活性化に繋がったということになるでしょうか。

大事なことは、多様な種が集まることではなく、多様になることで生じる生物間の関係が発達し、生態系の機能変化に結びつくことです。

この結果は、次章で扱う、植物と土壌微生物がつくり出す「生物の力」の一番目、「植物—土壌フィードバック」と生態系の窒素循環の問題に関係してきます。

競争は人間や社会を活性化させる大きな力である

生態学における競争研究は、人間社会での競争の意味についても示唆を与えます。

人間社会では、競争は格差をつくるものと考えられ、肯定されない面もあります。

確かに、競争は、勝者と敗者をつくります。競争の結果、勝者は富み、敗者は多くのものを失います。競争による格差が生じるのは紛れもない事実です。

しかし、同時に、競争があることで人間は努力をします。高校や大学に合格するための競争は、学生を勉強に駆り立てます。多くの企業は自由競争の中で消費者に受け入れられるよい商品をつくるように努力します。

人類の歴史を見ても、自由競争がなかった社会主義国家は停滞し、競争がある社会に変わりました。

競争は人間や社会を活性化させる大きな力であるのは間違いないのです。

人間社会も生物社会も、競争が社会構造に重要な役割を果たしている点では同じです。生物社会は激しい競争があるにもかかわらず、多くの生物が共存しています。これまで述べてきたように、この共存は多様な環境が存在することによりもたらされます。

確かに、ゾウリムシの競争排除実験のように、単一な環境条件で競争が起こると、競争の勝者は容赦なく敗者を打ち負かします。しかし、条件が違えば、勝者が敗者になり、敗者が勝者になるのが自然の生物社会です。

どの生物もすべての環境条件で競争の勝者になることはできません。生態学の研究が示すのは多様な環境の重要性です。生物は競争があることで多様な環境の中に自分に適した環境を見つけることができます。

競争は敗者を排除するプロセスではなく、多様な環境の中にそれぞれの生物の居場所をつくり出すプロセスといってもよいかもしれません。

つまり適者生存ではなく適材適所をつくるのが競争の役割です。

人間社会での競争による格差は、競争が原因というより多様な環境条件が欠如しているところに問題があるのではないでしょうか。

社会に多様な価値、多様な職業があるならば、競争は、勝者と敗者の間の格差をつくるプロセスから、自分の得意分野を明らかにし個人のアイデンティティを確立するためのプロセスになるかもしれません。

しかし、近年の技術革新は、社会を多様性の高い環境から均一な環境に変化させてきました。機械化の進展は、職人芸を誰でもができる単純労働に変えてきました。インターネットの急速な普及は、世界のどこでも同じ情報に接し、価値観を共有する方向に進んでいます。近年のグローバル化は、さらに世界レベルでの環境の均一化を促進するかもしれません。

均一な環境と競争が組み合わさった時には、必然的に競争排除が起き、敗者は絶滅します。

人間社会は自然界とは異なり、敗者を見捨てることはできません。

私たちは、競争をなくすことではなく、人間社会の環境や価値を多様にし、それぞれが得意分野を見つけて共存できるように注意を払うべきなのかもしれません。

第三章 肥料の代わりに土壌の微生物が畑を肥やす

肥料なしで窒素を維持し続ける方法とは

作物が土壌から吸収する栄養素は、主に、窒素、リン酸、カリウムの三元素です。

この主要三元素の中でもタンパク質の構成元素である窒素は特に重要です。

窒素が欠乏すると、生物の反応を制御する酵素の合成に必要なタンパク質も不足するために光合成が抑制されます。

植物が窒素不足の時には葉は黄色味を帯びますが、肥料を与えれば、すぐに濃い緑色に変わります。窒素を与えることで葉の中にある酵素が増え、光合成が促進されるからです。植物が吸収した窒素は、収穫されると畑からもち去られるので、不足分を肥料として再び畑に与える必要があります。そうしないと、畑から養分が収奪され続け、最後には土が痩せて作物は収穫できなくなる。多くの人は、こう考えてきました。

しかし、30年近く堆肥も化学肥料も投入していない木村リンゴ園では、毎年リンゴが収穫できます。

左頁のグラフは、木村リンゴ園と慣行栽培リンゴ園における土壌中の植物が吸収できるアンモニアや硝酸態の窒素量を示しています。

木村リンゴ園の土壌中の窒素量は、毎年化学肥料を与えている慣行栽培リンゴ園と比べてほとんど変わりません。この事実は、リンゴの栽培には肥料を与えることが必要だという今までの常識と異なります。

■木村リンゴ園と隣接する慣行栽培リンゴ園の土壌中の窒素量の比較

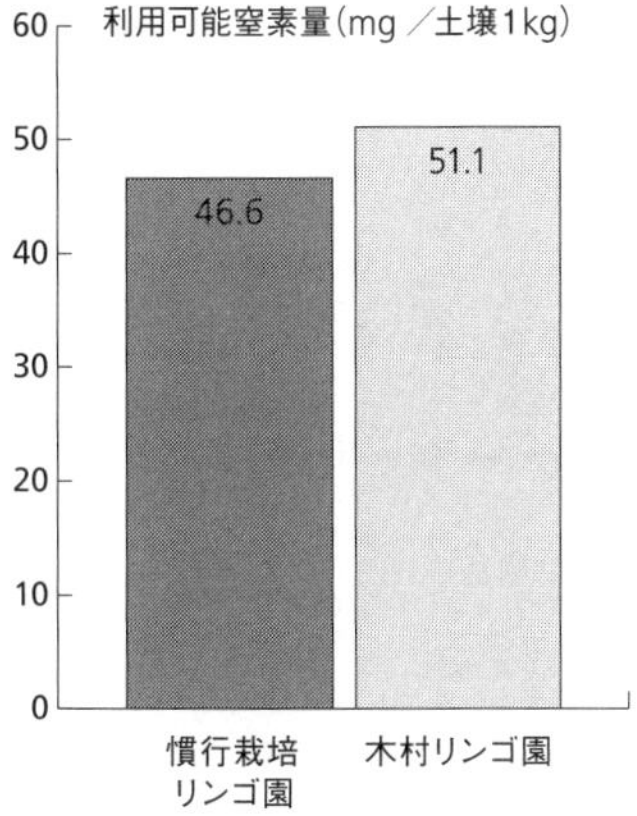

肥料を与えないで、木村リンゴ園の土壌はどのように窒素を維持し続けることができるのでしょうか？

この答えは、どうやら土壌の微生物にあるようです。

慣行栽培リンゴ園の1・5倍から2倍多い微生物が生息

土壌は、生物が最も密集している場所です。

1平方メートル当たりの土壌には800グラムの生物がすんでいると推定され、そのうち90%以上を細菌とカビやキノコの仲間である真菌類が占めます。この中には、植物に感染して病気を引き起こす病原菌もいますが、大部分は土壌に落ちた枯れ葉や動物の遺体などを分解してエネルギーを得ている分解者と呼ばれるグループです。

左頁の上図は、植物と土壌の間の窒素循環の模式図です。

土壌に落ちた植物の葉や茎をリターと呼びます。

リターには窒素が含まれていますが、植物が吸収できる窒素は、硝酸(NO_3^-)やアンモニア(NH_4^+)の形の無機イオンだけです。

これらの無機イオンは、リターを微生物が分解した時に放出されます。

ここに、植物と分解者である土壌微生物の間に相互依存の関係が生じます。

つまり、植物は土壌にリターを落とし、土壌微生物はリターの分解を通じてエネルギーを獲得します。

同時に、微生物はリターを分解して窒素を土壌に放出し、植物はその窒素を根から吸収し生長に使います。このように、自然の生物群集では、植物と土壌微生物の間の窒素循環が起こることで、肥料を与えなくても植物は窒素を吸収できているのです。
木村リンゴ園で肥料を与えなくてもリンゴが育つのは、自然界のように土壌と植物の

■生態系における窒素循環

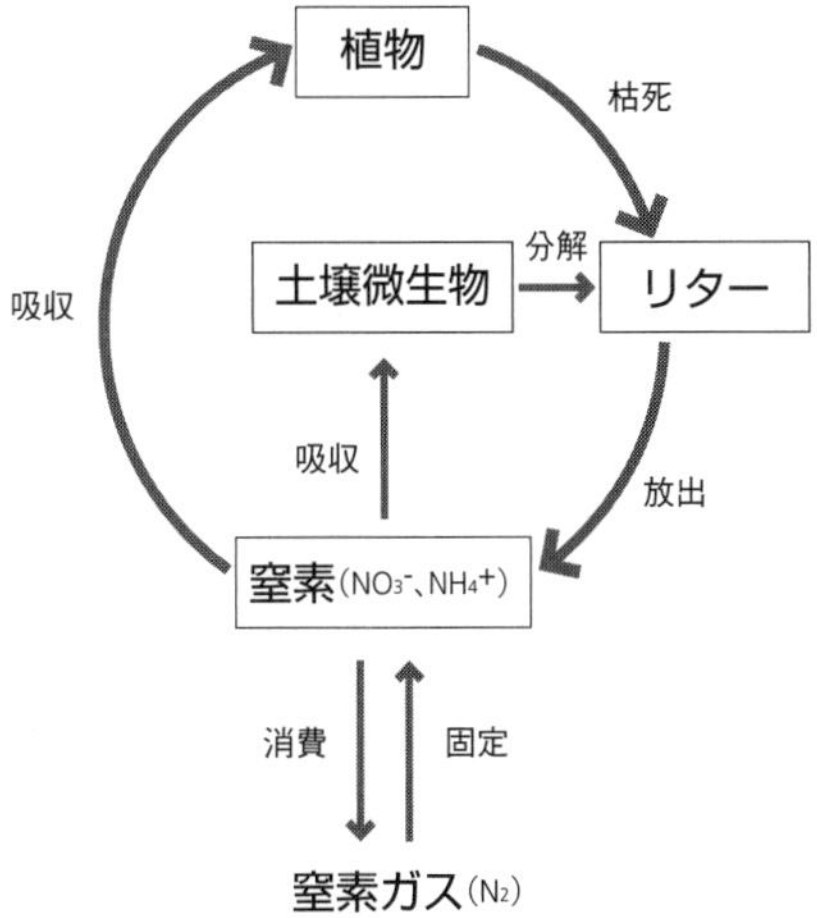

■木村リンゴ園に住む微生物の量は、慣行栽培リンゴ園より多い

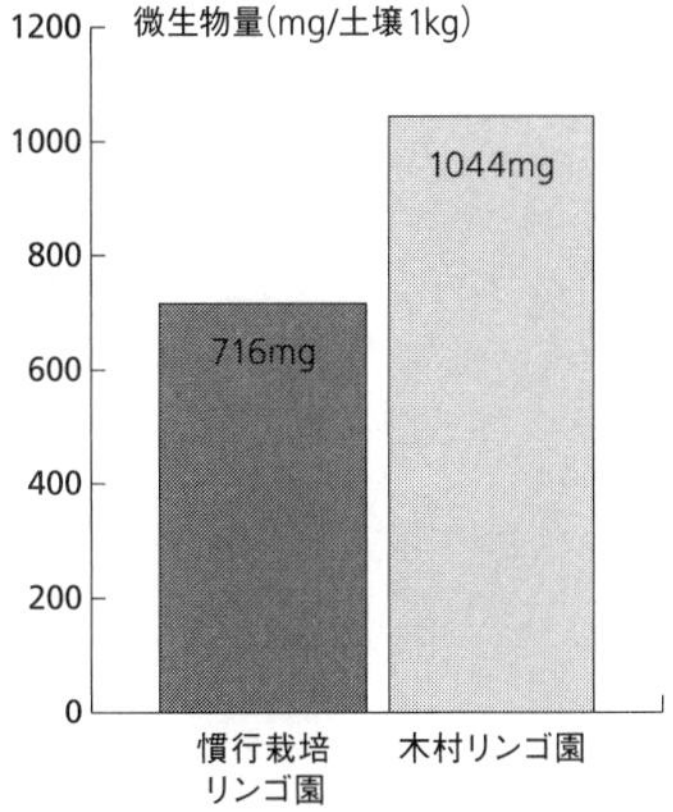

間の窒素循環がうまくいっているからです。

実際に、前頁の下図が示すように、木村リンゴ園は隣接する慣行栽培リンゴ園より土壌にすむ微生物量が多くなります。

季節により変わりますが、今までの調査では木村リンゴ園の土壌には慣行栽培リンゴ園の1・5倍から2倍ほど多い微生物がすんでいることが分かっています。

当然、土壌微生物が多くなるとリターを分解する能力も高くなります。土壌微生物による有機物の速い分解能力が木村リンゴ園では肥料の代わりとなっているのです。

しかし、自然に任せた養分循環だけでは、作物生産に充分な窒素を確保できないと、これまでの農学は考えてきました。

イネはリンゴよりも窒素を多く必要とします。西尾道徳博士は、イネを無肥料で栽培した場合に達成できる収量を土壌の窒素循環から計算しました。

慣行栽培のイネ収量を10アール当たり500キログラムとすると、この収量を達成するにはイネは10・7キロの窒素を土壌から吸収する必要があります。

肥料を与えない水田では、稲ワラなどの有機物の分解で10アール当たり4・3キロ、土壌中の窒素固定菌により2キロ、雨や灌漑水として外部から3キロと計9・3キロの窒素が水田に供給されますが、イネはそのうち半分しか吸収できません。
すると、無肥料栽培では吸収できる窒素が4・7キロで、収量に換算すると250キロにしかなりません。

10アール当たり250キロは、明治末頃のイネの収量といわれています。
無肥料でイネは栽培できるけれど、収量は現在の半分しかとれない。それがこれまでの農学で教えてきたことです。

最近、日本でイネの自然栽培が全国に広がり始めています。私が調査した全国に広がる52軒の自然栽培農家のイネの平均収量は10アール当たり325キロです。

これは、普通に化学肥料と農薬を使う慣行栽培の6割程度です。
しかし、自然栽培では農家間の収量差が大きく、平均より大幅に収量の高い農家もあります。そのうちの1軒が、宮城県のKさんです。

Kさんは20年間無農薬・無肥料でイネを栽培していますが、毎年10アール当たり500キロ近い収量を上げています。

この事実は、西尾博士の計算とは合いません。計算に使った値のどれかが違っていることになります。Kさんの栽培にはいろいろな工夫が見られます。その工夫が窒素固定菌や稲ワラを分解する微生物の活性を増加し、水田土壌の窒素供給能力を増やしていると考えられますが、その詳細はまだ分かっていません。

土壌中の有機物が分解されて出る窒素のフロー速度が鍵

経済学の基本にフローとストックの考えがあります。フローとはお金の流れで、ストックはお金の蓄積です。お金は物の売買とともに動き、お金が流れると経済は活性化します。しかし、物を買わないとお金が余り、貯金（ストック）に回されます。こうなると、お金は動かず、物も動きません。

今の日本経済は、貯金はあるが物を買わない状況が続いて、お金が充分に回らない状態になっています。個人にとっては、お金を貯《た》めることは個人の将来の役には立ちますが、社会全体ではお金が流れないと経済が停滞します。

人間社会でのお金の動きと生態系の窒素の動きは似ています。

土壌には枯れた植物由来のリターや動物の遺体から成る有機物が大量に存在し、この有機物の中に窒素が蓄積されています。土壌中の有機物は生態系における窒素の流れから見るとストックです。

土壌微生物は土壌中の有機物を分解することで、土壌中のストックとして存在した窒素をフローとしての窒素に変え、植物と土壌の間の窒素循環を支えます。

人間社会でのお金のフローと同様に、自然界では窒素のフローが植物の生長を促進します。土壌有機物の分解による窒素の放出速度、つまりフローが速くなるほど、植物が吸収できる窒素量は増えるので、植物の生長は増加します。

植物の生長は、生態系に含まれる窒素の総量（ストック）ではなく、土壌中の有機物が分解されて出てくる窒素の速度（フロー）によって決まるのです。

お金と同じで、窒素は貯まっているだけでは役に立たず、動くことで生態系の生産力を促進させます。

自然界の窒素フローはいろいろな要因に影響されますが、最も大きな要因の一つが土壌微生物の種類と量です。

繰り返しになりますが、土壌に含まれる有機物が微生物により分解されて、そこに含まれていた窒素が土壌に放出されます。

植物はこの放出された窒素を吸収、利用しますが、同時に微生物も自分の成長のために窒素を吸収します。

この時、微生物が吸収する窒素量が多いと、植物が吸収できる窒素が減って生長が悪くなります。

さらに、土壌の微生物の中には、土壌の窒素をエネルギー源として直接使い、複雑な反応を経て最終的に窒素ガスとして空気中に放出するグループも存在します。

このタイプの微生物が増えると、土壌中の窒素が消費され、植物の利用できる窒素が減少します。

また、硝酸態の窒素は水に溶けるため、雨とともに畑の外に流れ出す場合もあります。

他方、土壌中の窒素が不足している時には、空気中の窒素ガスからアンモニア態窒素をつくる窒素固定微生物が活性化して畑に窒素を供給します。

微生物は環境の変化に対応して迅速に変化する

生態系の窒素フローは、土壌有機物を分解し植物に窒素を供給する微生物以外に、窒素を消費する微生物や窒素をつくり出す微生物など窒素循環に関わる多くの微生物の複雑なプロセスにより決まっているのです。

次頁に示すように、慣行栽培の畑には大量の窒素が化学肥料として投入されます。畑では生態系の窒素循環における肥料の影響が大きくなり、微生物の分解を通じた効果は限定的になります。

畑では作物の生産性を増加するために、微生物に頼らずに生態系の窒素フローを人工的につくり出しているといえます。

これは、効率よく作物が窒素を吸収できる方法ですが、与えた肥料すべてが作物に吸収されるわけではありません。

化学肥料の一部は植物に吸収されますが、残りは微生物に取り込まれたり、微生物に消費されたり、農地の外へ溶け出します。

農家の人から、「畑に肥料を与えると最初のうちは肥料が効いて作物はよく育つが、

■慣行栽培農地における窒素循環

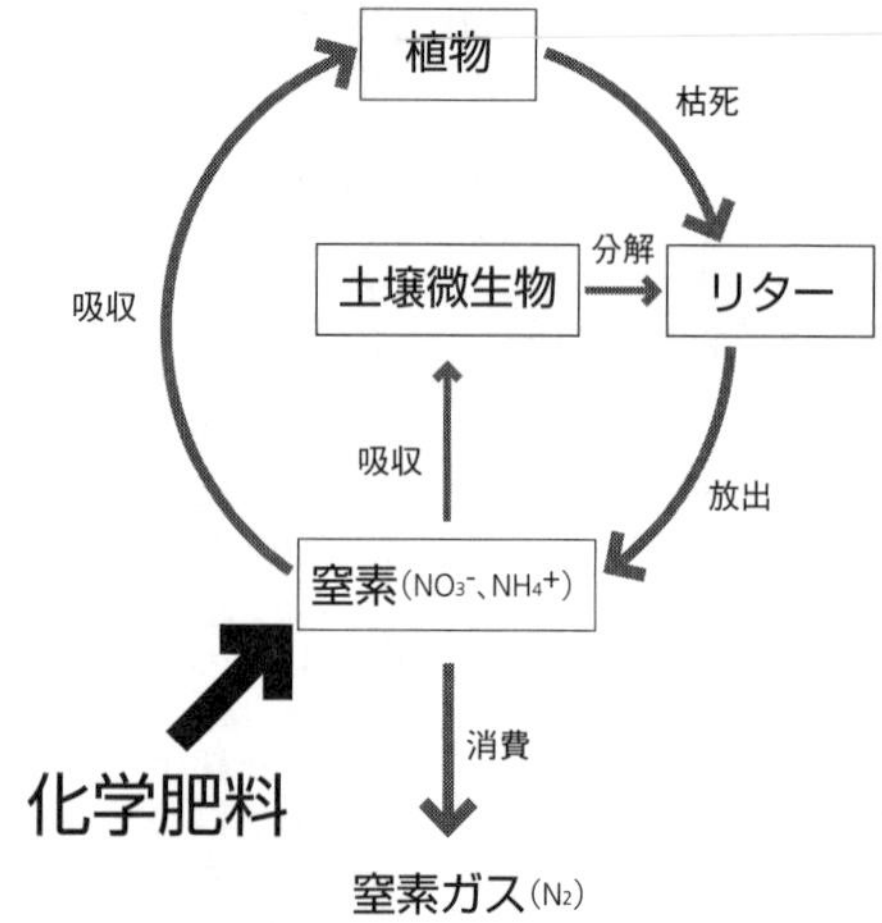

そのうちだんだん肥料の効きが悪くなる」という話を聞くことがあります。

また、アフリカの農地では、化学肥料を与えても、数年経つと肥料の効果がなくなり、「緑の革命」の技術が広がらないといわれています。

微生物は世代交代が速く、環境の変化に対応して迅速に変化します。

肥料の効きが悪くなる現象は、化学肥料を与えることで土壌微生物の種類が変わり、窒素を大量に吸収し、消費する微生物が増えることが関係していると思われます。

自然栽培では、窒素を多く含む家畜

の糞尿由来の堆肥の施与を行いませんが、それは微生物が直接利用できる窒素が増えることで、土壌微生物の構造が変わり、窒素要求性の高いグループが優占するのを避けるためでもあります。

植物が土壌微生物の活性を変える

これまで説明してきたように、自然の植物群集の生産力は、土壌微生物の有機物分解による窒素フローの速さに関係しています。

肥料を使わない自然栽培では、高い作物収量を得るために農地の窒素フローを活発にする必要があります。

日本の自然栽培稲作農家の間には10アール当たり150キログラムから480キログラムまでの収量差がありますが、この差の多くは土壌微生物を通じた窒素供給力に関係していると考えられます。

それでは、農地の土壌微生物を活性化し、生態系の窒素循環を促進するにはどのような方法があるでしょうか？

その答えが、「植物―土壌フィードバック」です。

第二章で紹介したミネソタ大学のティルマンらによる多様性実験では、種数が多い草原ほど生産力が高くなりました。植物の種数が増えることで土壌微生物の分解能力が活性化され、より多くの窒素が植物に利用できるようになったことが生産性の増加の主要な原因でした。

これは、植物が土壌微生物の活性を変えることができ、そのことで生態系の窒素循環に影響を与えることができると示唆しています。

スウェーデン農科大学のデビッド・ワードルは、植物と土壌微生物の相互作用研究の第一人者です。彼は、異なる植物種が土壌微生物との間にフィードバックを形成し、生態系の窒素循環を変える可能性を指摘しています。

87頁上図に示したように、生長の速い植物種は葉に含まれる窒素も多いため、枯れて土壌に落ちたリターは土壌微生物により分解され、そこに含まれていた多くの窒素が土壌に放出されます。その時、微生物もリターに反応して、より窒素を分解しやすいタイプに変化します。

細菌はカビなどの真菌より世代時間が短く、速く増殖します。

窒素を多く含むリターは細菌の割合を増やし、リターの分解速度を高め、ますます窒素の循環を促進します。すると、土壌有機物からの窒素放出速度が増し、生長の速い植物が有利になり、群集の中で優占することができます。

そうすることで、植物と土壌微生物の間に養分循環をめぐって協力的な関係が発達します。

リンゴ園の下草はリンゴの競争者ではない

一方、生長の遅い植物は、昆虫に食べられることを防ぐために、葉にリグニン（細胞壁の成分の一つ）やタンニン（苦み成分）などの防御物質を多く含んでいます。リグニンやタンニンなどは土壌微生物によっても分解されにくいため、葉の分解が遅くなります。

同時に、窒素が少なく防御物質を多く含むリターは、細菌の割合を下げ分解速度の遅い真菌の割合を高めます。

すると、リターの分解速度がさらに低下し、土壌での窒素循環が滞り、窒素の放出も少なくなります（87頁下図参照）。

この条件では、生長の速い植物種は不利になり、生長の遅い植物が優占し、窒素循環の緩慢な生態系に変化します。

このように、植物と土壌微生物が互いに関係し合いながら、「植物—土壌フィードバック」が形成され窒素循環が変化するというのがワードルの考えです。

「植物—土壌フィードバック」については、まだ解明されていないところも多くありますが、肥料を使わない自然栽培では、「植物—土壌フィードバック」をうまく利用して、土壌微生物に土壌の窒素フローを促進する方向に変化させることが重要です。

通常のリンゴ栽培では、リンゴ園に生える下草はリンゴの木と窒素をめぐって競争すると考えられているので、下草は頻繁に刈られます。

一方、木村リンゴ園では下草は年に2回しか刈らないので、伸び放題です。木村リンゴ園の下草を構成する植物種はオーチャードグラスなどの生長の速い種が多いので、刈り取り後に土壌に落ちる下草のリターは土壌微生物を活性化させ、窒素フローを促進し

■植物ー土壌フィードバックの二つの形

生長の速い植物は窒素のフローを促進するが、生長の遅い種は窒素のストックを増加させ、フローを減少させる。

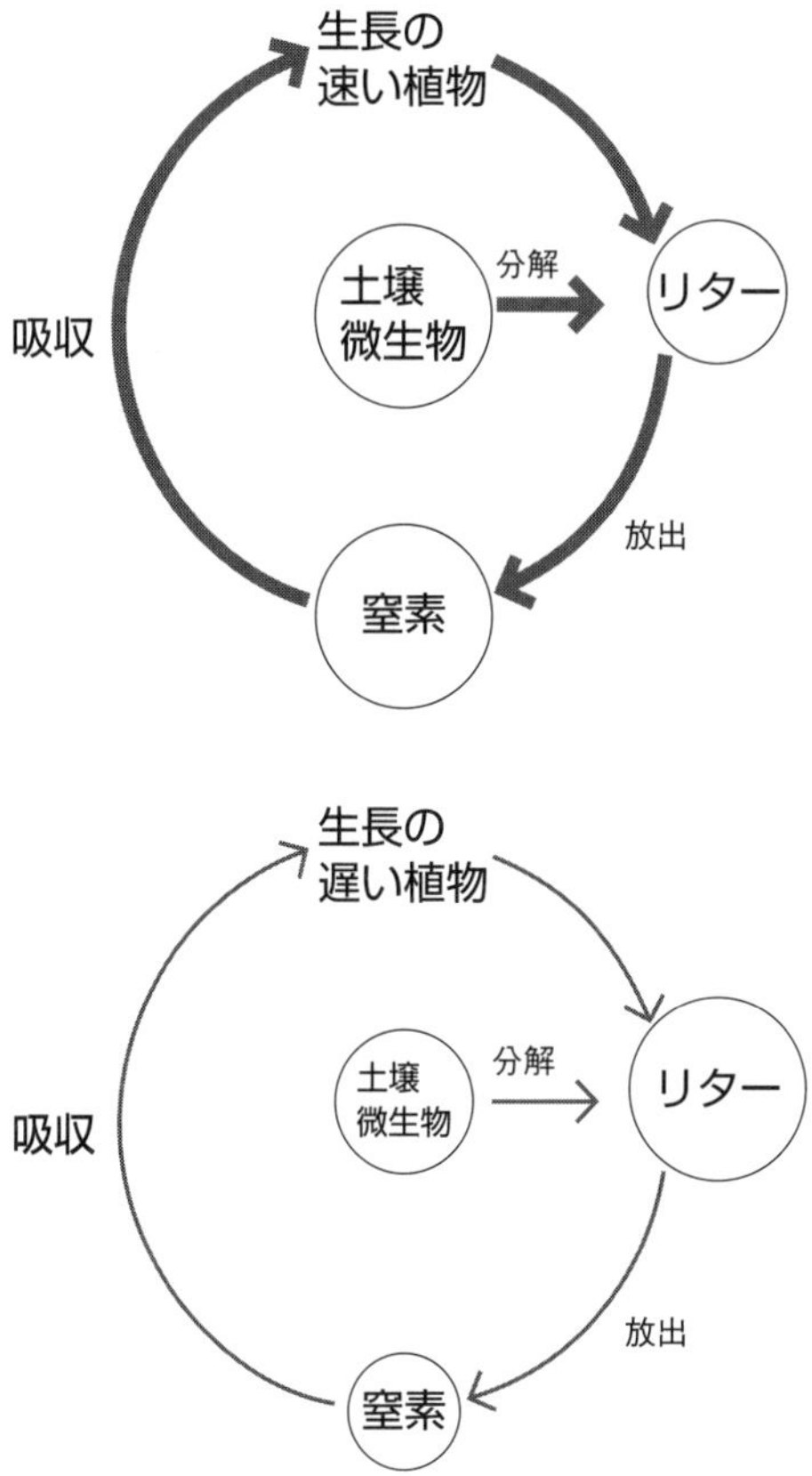

ます。

木村リンゴ園の下草はリンゴの競争者ではなく、リンゴ園の窒素循環を促進するエンジニアとしての機能を果たしているのです。

これまでの作物栽培は、土壌微生物による窒素循環の効果を過小評価し、作物に必要な窒素を肥料として与えてきました。

確かに、何もしなければ土壌微生物の効果は限定的で、作物の窒素吸収量を満たせないかもしれません。しかし、木村リンゴ園や自然栽培の稲作農家Kさんの水田は、慣行栽培に劣らない生産性を示しています。

土壌には、私たちにとって未知の「生物の力」が隠されており、その力を利用する技術を確立することが、自然栽培にとって大変重要になってきます。

優占する植物種が自律的に変化する遷移と攪乱

自然の状態に任せると生物群集は、次第に種の多様性が高くなり、群集が豊かになると考えている人もいますが、そうではありません。

植物群集には遷移という、優占する植物種が時間とともに自律的に変化する現象が見られます。

最近の研究では、遷移の最初の段階では生長の速い種が優占し、リターの分解が促進されて窒素循環も速くなり生態系の生産性が上がる方向に変化しますが、遷移が進んでくると、次第に生長が遅く、葉に多くの防御物質を含む植物が優占するため、土壌微生物の分解能力は抑えられ、窒素の循環が滞って生態系の生産力が低くなる方向に進むことが分かってきました。

ワードルは、森林では植物遷移の進行とともに生態系内の窒素やリン酸のストック（植物や土壌への蓄積）が増え、フローが減少すると指摘しています。

人間社会も、若者が多い社会では物がよく売れ、お金の流れも活発になりますが、高齢化が進むにつれ、貯金はあるが物を買わなくなり、フローが減少する経済になります。

人間社会の高齢化と植物社会の遷移は、この点で似ています。

しかし、自然のすべての植物群集で遷移が進行し、最終段階に達するわけではありません。

攪乱《かくらん》とは、突発的に生物の一部あるいは全体が破壊されることを表す生態学の専門用語です。

攪乱には、動物による捕食、台風などの自然災害による倒木、人による刈り取りや伐採などがあり、いずれも偶然で突発的に起こるのが特徴です。

突発的な攪乱が起こると、今まですんでいた植物が死に、新しく空いたスペースができます。

そこは、新しい植物が生育するために適した空間となり、多くの種が侵入して植物群集の迅速な回復が進みます。

生長の遅い種には攪乱後の迅速な回復は不得手なので、攪乱が起きた場所は生長速度の速い種が占めるようになります。

自然栽培は里山管理と似ている

攪乱には、生長の遅い植物の優占を抑え、生長の速い種が優占する初期条件に戻す効果があります。攪乱が適度にあることで、植物群集は、高い生産性を維持することが可能になります。

日本の自然は人による攪乱を頻繁に受けてきました。それで成立したのが里山です。里山の森林は人間が薪《たきぎ》を採るなどの攪乱を通じて維持されてきました。草原では、火入れや刈り取りが行われ、森林に移行することを抑えてきました。里山は人が適度に攪乱することで、維持してきた生態系です。

以前は、自然を保全するには、人間が手を加えないことが重要だと考えてきました。確かに、世界自然遺産の白神山地のように人間が手を加えるべきでない原生的自然もあります。しかし、里山のような人との関わりで維持されてきた自然を保全するには、人が手を加える必要があることが、最近、認識されてきました。

２０１０年に名古屋市で開催された生物多様性条約第10回締約国会議（ＣＯＰ10）では、里山という歴史的に人と自然がうまくつき合ってきた関わり合いを開発が進む世界の自然の保全に役立てようと、「ＳＡＴＯＹＡＭＡイニシアティブ」が採択されました。

この計画は、人間が自然を持続可能な形で利用することで、自然の保全と活用を両立しようとするものです。

木村リンゴ園では、慣行栽培で行われている化学肥料や農薬の散布などの栽培管理は行われません。木村さんが行うのは、年2回の下草刈りや酢の散布です。その作業は、栽培というよりむしろ攪乱といった方が適切かもしれません。

奇跡のリンゴ園には里山に通じるものがあります。人間が自然に働きかけ、作物と農地生態系の本来の能力を発揮させるという意味で、自然栽培は里山農業といえるのかもしれません。

第四章 害虫はどのように姿を消したか

「生物間相互作用ネットワーク」が害虫防除を可能にした

ハマキムシが大量発生していたはずが

木村リンゴ園では、無農薬栽培を始めた頃は、ハマキムシなどのリンゴの葉を食べる害虫が大量発生していました。農薬を使わないので、手作業で害虫を捕るしか防除する方法はありません。

木村さんの話によると、捕った虫を入れるビニール袋があっという間に一杯になるくらいの数でした。農薬をまかないことで、害虫の天敵もすみ着くようになりましたが、それでも害虫の方が圧倒的に多く、リンゴの葉の食害は収まりませんでした。

リンゴ園を自然の状態に戻すことの重要性に気づいてから3年でリンゴに花が咲きましたが、被害は減ってきたものの、相変わらずハマキムシなどの食害は続いていました。

私が、木村リンゴ園を最初に訪れた時は自然栽培開始後15年が経っていましたが、まだその時には、リンゴをアルコール発酵させた液体を入れたピンク色の小さい子供用のバケツがあちこちのリンゴの木の枝にかけてありました。

ハマキムシの成虫を捕獲するためです。「青色のバケツには虫は入らず、ピンク色のバケツに一番虫が寄ってくるんだ」とリンゴ園で説明していた木村さんを今でも覚えています。

しかし、その後に木村リンゴ園にいった時には、もうそのバケツはありませんでした。バケツが必要なくなるくらいに害虫が少なくなったからです。

その後、木村リンゴ園を訪れても、ハマキムシを見ることはあまりありませんでした。日本には天敵がいないといわれるモモシンクイガは時々大発生し、リンゴに被害を与えることがありますが、現在の木村リンゴ園からは、自然栽培を始めた頃の害虫の多さは想像できません。

なぜ、最初は大発生していた害虫が次第にリンゴ園から姿を消したのでしょうか？それについて、二つの考えから説明できます。

一つは、天敵などの生物相が発達してリンゴ園内で害虫が増えることができなくなったということ。もう一つは害虫が何らかの原因で他の場所に移動したためにいなくなったということです。

二つの考えの違いは、リンゴ園の内部に「生物間相互作用ネットワーク」が発達しているかどうかです。

「生物間相互作用ネットワーク」は自然栽培が利用する第二の「生物の力」です。本章では、相互作用ネットワークについて考えてみます。

ネットワークを形成し繋がっているか

「生物間相互作用ネットワーク」がどのようなものかを理解するには、日本の地域社会を例にとると分かりやすいでしょう。

私のすんでいる弘前市は城下町なので、町には古い家屋も残り、先祖代々すみ続けている人々も多くいます。

弘前市の夏は大型の灯籠《とうろう》を担いで町中を練り歩くねぷた祭りで盛り上がります。ねぷた祭りは、市内の各町内会の有志が自主的に作成し、有志はねぷたを通じて互いに絆《きずな》で結ばれます。

一方、弘前大学の周辺は学生のアパート街が広がり、毎春、卒業で弘前から離れる人と、入学する人が入れ替わります。アパート街にすむ人々は遠方のいろいろな県の出身という多様性はありますが、ねぷたを作成するような絆はできません。

ここは、学生が一時的に住み、そして卒業とともに離れてゆくだけの場所なのです。伝統のある町内会では住民間に関係性のネットワークが発達し、一方、学生街は人と人の繋がりが希薄でネットワークはありません。

じつは、自然の生物群集が二つの地域社会のどちらに近いかは、生態学者が昔から研究対象にしてきた問題なのです。

つまり、生物群集のメンバーは互いにネットワークを形成し繋がっているのか、それとも学生街の住人のように、たまたまそこに集まっているだけなのか？　という問題です。

技術のうまい選手から成るチームは最強か

自然の生物群集がどのように成り立っているかは、1910年代のアメリカの二人の植物生態学者、フレデリック・クレメンツとヘンリー・グリーソンの論争に端を発します。

クレメンツは、北アメリカの異なる場所に成立している森林を調べ、構成樹種は時間とともに変化するものの、どの森林も最終的には同じような樹種構成に到達することに気づきました。

このことから、クレメンツは、生物群集はただの個体の集まり以上のもので、内発的力により自律的に変化する超生物のようなものと考えました。

グリーソンは、それとは対照的な考え方を提示しました。

彼は、生物群集はそこにたまたま集まった個体の集まりに過ぎないと考えました。グリーソンは、生物群集がシステムとしての創発性をもつと主張するクレメンツの考えを否定し、生物群集には個々のメンバーのもつ特性以上の機能はないと考えました。

クレメンツとグリーソンの違いの重要な点は、個体が集まってできる社会の機能にあります。

人間社会にも、この問題は当てはまります。

例えば、チームスポーツであるサッカーでは、技術のうまい選手だけを集めてチームをつくれば当然強いチームができます。チームが勝つためには点をとる能力の高い選手が必要です。しかし、いくら優れた選手を集めてもフォワードと中盤の選手の連係がとれていないとゴールは生まれません。

メンバー間の相互作用が発達すると組織機能の創発性が生まれる!?

一方、それほど個人の技術は高くないけれど、選手間の連係を強化してボールをうまく動かすことでゴールは生まれやすくなります。選手間の緊密な相互作用はチーム全体の能力を個人の集まり以上のものにできるかもしれません。

同じことが、弘前市の二つの地域社会にも当てはまります。伝統的町内会ではねぷた祭りに参加するための役割分担ができているため、あるメンバーが欠けると他の人では容易に代替できませんが、祭りに参加しない学生街では、アパートの空き部屋を埋めるのは誰でも構いません。

住民あるいはメンバー間の相互作用が発達しているかどうかが、組織の機能の創発性が生まれるかどうかの鍵を握っています。

第二章に出てきたマッカーサーはクレメンツの考え方を引き継いで、生物群集は異なるニッチ（職業）をもつ生物により有機的に結合されてできた社会であると考えました。それは、生物が競争を通じて異なるニッチを求めて進化するからであり、競争という生物間の相互作用が社会のネットワーク形成をもたらすためです。

生物種間のニッチ分化を示す多くの野外データが報告され、マッカーサーのこの考えは現在一定の支持を得ています。しかし、必ずしも、この考えに同意する人だけではありません。

1990年代にアメリカ、プリンストン大学に在籍していたスティーブン・ハッブルは、コスタリカの熱帯林の構造を調べているうちに、樹木があまりにも不規則に分布していることから、樹木が自らのニッチをもって分布しているというマッカーサーの主張を疑うようになりました。

彼は、この疑問を確かめるために、パナマにあるバロコロラド島の50ヘクタールの調査地に生えている35万本すべての木の種名と大きさとその位置を記録し、樹木種がニッチ分化をしているかどうかを調べました。

その結果は、樹木が環境との関係なしにバラバラに分布しているように見え、ニッチ分化を通じて群集構造が決定されるというマッカーサーの主張を支持するとは思えないものでした。

彼は、自分の調査結果を説明する理論の構築に取りかかりました。皮肉なことに、ハッブルは、マッカーサーのニッチ理論を否定しましたが、彼が利用した理論もマッカーサーが考えたものでした。

ニッチに依存した決定論的プロセスvs.空間移動に基づく確率的プロセス

ハーバード大学のエドワード・ウィルソンは、アリの生態と行動研究の大家です。彼は、世界の各地域で彼が調査したアリの種数の差がどのような原因で決まるかについて頭を悩ませていました。特に、陸続きの大陸から離れた島にすむアリの種数は島の面積や大陸からの距離によって一定の規則をもって決まっているように見えました。

ウィルソンは、同年代のマッカーサーにこの問題を相談しました。生物の複雑な現象を数学的モデルとして表現することが得意なマッカーサーは、ニッチの考え方を使わずに、島にすむアリの種数の差を説明するモデルを考えました。

その理論は、１９６７年に二人の共著で『島の生物地理学』という本として出版され、その後の生態学に大きな影響を与えます。

このモデルでは、大陸から離れた島にすむ生物の種数は大陸から島に移住してくる種とそこで絶滅する種のバランス、簡単に表現すると、生物の移動に関わる要因により決まると考えます。

このモデルは、実際にウィルソンが調べたアリの種数の分布をよく説明し、生物の移動という確率的要因も生物群集の構造を決める重要な役割を果たしていることを示しました。

ハッブルは、マッカーサーとウィルソンの『島の生物地理学』のモデルを基に、森林群集の構造を説明するための「中立説」を提案しました。

森林では樹木の老化や台風による倒木で空いたスペースができ、そこに新しい種が侵入して更新が進みます。

ハッブルは、倒木後のスペースへの生物の移動という偶然的要素の強いモデルを考え、バロコロラド島の森林の構造が実際に生物の移動だけで説明できることを示しました。

森林群集の構造が競争を通じたニッチ分化により決まっているというマッカーサーの考えと、倒木などの攪乱によりできた空いた場所への生物の移動により決まるというハッブルの考えは、現在でも決着がついていません。

たぶん、複雑な野外群集ではニッチに依存した決定論的プロセスと空間移動に基づく確率的プロセスの両方の影響を受けていると思いますが、どちらの要因が相対的に大きな影響を与えているかは野外調査だけではなかなか判別ができないところがあります。

24匹のウサギが8億匹まで増殖

生物群集が生物間の相互作用により結びついているか、ただの集まりかは、別の研究により明らかになってきました。

外来種問題とは、土着していない生物が新しい場所に侵入することでその場所の生態系を乱すことをいいます。

オーストラリアはアジア、アフリカ、アメリカ大陸から1億4000万年ほど前の白亜紀に分裂して以来、生物間の交流がほとんどありませんでした。そのためオーストラリア固有の生物は、アジアやヨーロッパとは異なる独自の生物進化を辿っています。カンガルーなどの有袋類が進化したのはその一例です。

この固有の生物相のため、オーストラリアは他の大陸からもち込まれた外来種の被害に悩まされてきた国です。

1859年にイギリスからの一人の移民が、狩りの目的で24匹のウサギをオーストラリアにもち込みました。捕食者などの外敵がいないことから、その後ウサギはオーストラリアで大繁殖し、一時は8億匹まで増えたといわれています。ウサギはオーストラリアの農業のみならず自然の生態系に大変な被害を与えました。

群集を構成する生物間には、競争、捕食、寄生などの複雑な相互作用が働いており、互いに牽制し合って特定の種の個体数の異常な増殖を抑えています。元の国では増殖が抑えられているのに、新天地に侵入したとたん、相互作用からの抑制を免れて大繁殖をするのは、外来種の特徴です。

外来種は、体のコントロールが失われ無秩序に増殖し続けるがん細胞に似ています。

外来種が旺盛に生育できる理由

植物の外来種被害で有名なのが、日本からアメリカに導入されたクズです。

クズはマメ科植物で根に共生する窒素固定細菌により空気中の窒素を使ってアンモニア態窒素を合成できるため、土壌の栄養分の少ないところでも生長でき、日本でも各地に優占する姿が見られます。

クズが最初にアメリカに導入されたのは、1876年のフィラデルフィア万博です。その後、クズが高い飼料価値をもつことに目をつけて、アメリカ南部を中心に栽培が試みられました。

しかし、クズは直ぐに野生化し、アメリカ南部では数キロメートルにわたってクズだけに覆われた茂みが続くような大繁殖をしています。

日本では生物群集の中におとなしく収まっているクズが、アメリカではなぜがん細胞のように大繁殖するのかは、よく分かりませんでした。

しかし、その答えは、意外なところにありました。

カナダの若い研究者、ジョン・クリロノモスは2002年のネイチャー誌に意外な研究結果を発表しました。彼は、植物の根に共生し、リン酸を吸収する菌根菌の研究者です。

たまたま、カナダに古くから自生している固有種と最近侵入してきた外来種を、滅菌した土壌と普通の土壌で育てる実験をしました。

滅菌しない土壌では固有種は外来種に比べ顕著に低い生育を示しましたが、滅菌土壌では、固有種の生育が旺盛になり、外来種とほとんど変わらなくなりました。

しかし、外来種には、滅菌した土壌としない土壌では生育の差は見られませんでした。滅菌することで土壌の養分は変わりませんが、土壌にすむ微生物は病原性のものも含めすべて死にます。

このことから、クリロノモスは、滅菌しない土壌で固有種の生育が抑えられるのは、土壌の病原性微生物に感染することが原因であると考えました。

新しい土地に侵入した外来植物が旺盛に生育できるのは、まだそこに病原性の微生物がいないためなのです。

つまり、アメリカでクズが爆発的に繁殖できるのは、クズに特異的に感染する土壌の病原性微生物がいないためと考えられるのです。

その後、植物が土壌の微生物により生育抑制を受けるのは一般的に見られる現象であることが分かってきました。

ニュージーランドに過去に侵入した外来植物を調査すると、侵入後の年数に比例して土壌微生物による生育抑制度合が増加していることが分かりました。

その報告では、外来種が侵入後、固有種と同じくらいの生育抑制を受けるまでには100年以上の時間がかかっています。

植物と土壌微生物の間にネットワークができるには、思いのほか時間がかかるようです。

植物が受ける相互作用は植物間の競争だけではありません。植物は、昆虫に食べられたり、病原菌に感染したりします。

ハップルのように森林を外から見るだけでは分からなかった生物間のネットワークですが、外来種問題は、はからずも生物群集がただの集まりではなく、周りの生物との相互作用ネットワークに組み込まれた有機的な存在であることを明らかにしました。

植物もコミュニケーション能力をもつ

生物群集の繋がりを示す研究は、意外なところからも明らかになりました。動物と植物の違いはコミュニケーション能力です。

鳥はさえずり、周りの鳥とコミュニケーションをとります。コオロギも秋になると鳴き声で雌を誘います。

これまでは、植物は周りの植物とコミュニケーションをとる能力はなく、ただ黙って生育しているだけと考えられていました。

ハッブルがパナマの熱帯林で木の大きさを調査している1983年、不思議な現象がアメリカの植物学者により報告されていました。植物が多様な化学物質をつくることは、よく知られています。

タバコのニコチンのような二次代謝産物といわれる多様な化学物質は、植物が昆虫に食べられたり、病気にかかるのを防ぐためにつくり出した植物の化学的防御なのです。

植物は、いつも防御物質をつくっていると、エネルギーと養分を余計に使うため、充分に生長することができなくなるため、食害を受けた時だけ防御物質をつくります。

アメリカの、当時ダートマス大学に在籍していたイアン・ボールドウィンは、昆虫による植物の捕食実験を行っていると奇妙な現象が起こることに気がつきました。ポットに植えたカエデの葉を昆虫に食べさせると、そのカエデの防御物質であるフェノール化合物の濃度が上がります。しかし、昆虫に食べられたカエデばかりか、その隣の食害に遭っていないカエデまでもフェノール化合物の濃度が増し、昆虫に食べられにくくなったのです。

まるで、植物が周りの状況を感知しているかのように振る舞うのです。

この現象は、食害を受けた植物が隣の無害な植物に情報を伝えて、食害を防ぐために防御物質を合成するように指示を出しているとしか解釈できません。

つまり、植物も動物のようにコミュニケーション能力をもっているということです。

植物の情報伝達手段は揮発性物質

当時は、疑問をもたれたこの解釈も、最近の研究により、植物は互いに情報を伝達していることが分かってきました。その正体はテルペンなどの揮発性物質《ガス》でした。

葉を食べられた時に揮発性物質が放出され、植物はそのガスを自らもつセンサーで感知し、その情報を遺伝子に伝えて防御物質をつくり、将来予想される食害に備えていたのでした。

その後の研究により、植物のコミュニケーションは植物間だけに限られるのではないことが分かってきました。

葉を食べる害虫は蝶や蛾《が》の幼虫である芋虫や毛虫が代表的ですが、これら幼虫の最も脅威とする天敵は寄生蜂です。体長数ミリメートルと小さい寄生蜂は芋虫に卵を産みつけます。産みつけられた卵は芋虫の中で孵化《ふか》し、その体を食べて成虫となります。

植物にとっては、寄生蜂がいてくれると毛虫などによる葉の食害を免れることができますが、いつでも来てくれるとは限りません。

そこで、植物は、葉が食べられた時、揮発性物質を放出して寄生蜂を引き寄せ、芋虫を殺してもらうシステムをもっていることが分かってきました。

植物は化学物質を使ったコミュニケーションで寄生蜂をボディーガードとして雇っているようなものです。

奇跡のリンゴはなぜ害虫の被害を受けなくなったか

木村リンゴ園では昆虫の数も種数も、隣接する慣行栽培リンゴ園に比べ多くなっています。

定置性の昆虫捕獲用のトラップを使って9月の2日間に二つのリンゴ園の昆虫相を調査したところ、木村リンゴ園では28の科にまたがる308個体が捕れたのに対して、慣行栽培リンゴ園では16科の57個体しか捕れず、種数で2倍弱、個体数で5倍以上も木村リンゴ園には多くの昆虫がすんでいることが分かりました。

この時調査した昆虫は、飛ぶことのできるハエやハチ、蝶や蛾の仲間でしたが、これ以外に、木の幹にはダニやクモがすみ、下草の中にはバッタ、土の中にはケラやミミズなどの多くの昆虫がいて、これら昆虫も木村リンゴ園で多いことは観察により直ぐに分かります。

捕獲された昆虫の多くはリンゴに害を与えない生物でしたが、中には寄生蜂のように、ハマキムシなどのリンゴの葉を食べる害虫にとっての天敵もいます。

木村リンゴ園(左)と慣行栽培リンゴ園(右)から捕獲された昆虫

リンゴの葉の内部に侵入したキンモンホソガの食痕

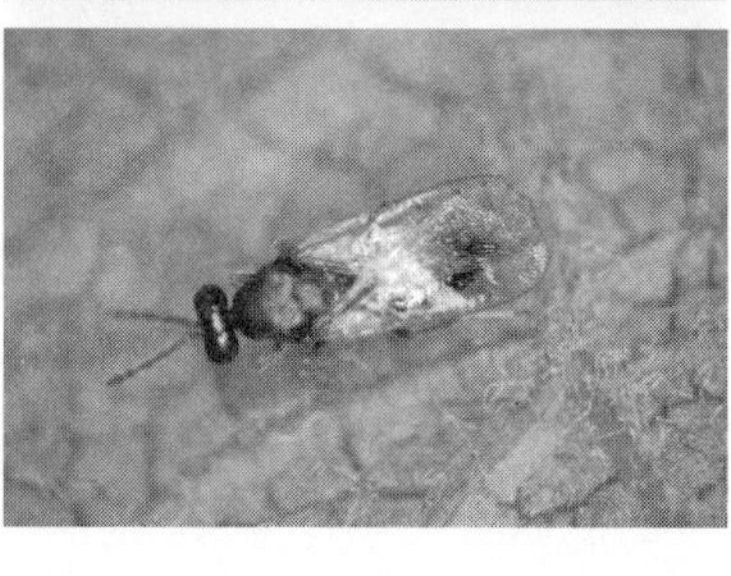

キンモンホソガの天敵、寄生蜂(体長2㎜弱)

この時の調査では、木村リンゴ園では寄生蜂が121個体採取されたのに対して、慣行栽培リンゴ園では25個体しか捕れませんでした。

農薬をまかない木村リンゴ園ではハマキムシの天敵数も圧倒的に多いことが分かります。

キンモンホソガは幼虫が孵化後直ぐにリンゴの葉の中に潜り、葉の内部組織を食べる害虫です。

私たちの調査では、木村リンゴ園ではリンゴの葉の中に潜ったキンモンホソガの半数以上が寄生蜂に寄生され、死んでいることが分かりました。

寄生蜂が多くすむことが、木村リンゴ園でのキンモンホソガの被害を抑えているのは間違いありません。

それ以上に、葉の中に潜って生活するキンモンホソガは、寄生蜂にとっても葉の表面から見つけることは難しいので、食害に遭ったリンゴの葉から何らかの揮発性のシグナル物質が放出されていると考えられます。

寄生蜂の数の多さもさることながら、リンゴと寄生蜂のコミュニケーションを通じたネットワークが木村リンゴ園で確立しているのでしょう。

また、一部のリンゴの葉にはハマキムシに食べられた痕跡が見られるのですが、葉を食べているハマキムシはリンゴ園ではなかなか見つかりません。葉を食べるとリンゴの葉から揮発性物質が放出され、直ぐに天敵によって防除されているのかもしれません。

木村リンゴ園では、リンゴの木と寄生蜂にコミュニケーションネットワークが発達し、そのネットワークが農薬の代わりに害虫の大発生を抑えていると考えられます。

つまり、木村リンゴ園で害虫の被害を抑えているのは第二の「生物の力」であるこの「生物間相互作用ネットワーク」なのです。


2012年は『沈黙の春』出版後、50年に当たります。カーソンが農薬散布の危険性に警鐘を鳴らして以来、毒性の強い農薬は、世界的に禁止されるようになりました。

現在使われている農薬は50年前と比べて、環境や人体に毒性の少ないものに置き換わってきました。また、カーソンが化学農薬の代替として指摘したバチルス属細菌がつくる殺虫性タンパク質は遺伝子組み換え作物に使われるようになりました。

しかし、カーソンが本当に求めていたのは、資材を使わず自然のバランスで害虫を防除する方法です。カーソンの死後50年経った今でも、農業に農薬が不可欠な状態が続いています。

もし、カーソンが生きていて、奇跡のリンゴ園を訪問したなら、そこに彼女が理想としていたものがあることに気づいたでしょう。

映画『アバター』が暗示する地球生態系の未来

『アバター』は、ジェームズ・キャメロン監督が脚本を書き、世界的に大ヒットした映画です。人類がパンドラという地球から遠く離れた衛星に希少な鉱物を採掘に行き、その生態系を破壊する行為を通じて自然の神秘と人間の欲深さを描いた話です。

パンドラには、美しい生態系が広がっていました。6本脚をもつ動物など地球とはやや違う生物がすむその星では、種が違っても生物は電気信号で互いにコミュニケーションをとることができます。また、その生態系を象徴する巨大な木も大地に広く根を伸ばし、電気信号を使って他の生物とコミュニケーションをとることができます。

衛星パンドラは、生物が互いにネットワークで繋がった一つの超生物体のような生態系なのです。

映画の中では、人間は、希少な鉱物を採掘するためにパンドラの美しい生態系を破壊します。その破壊のさまを、アバターという肉体を借りて衛星の住民の側に立って映し出すことで、自然が破壊される映像が自分の体を痛めつけられているような感覚を見る人に与えます。

多くの人は、生物が電気信号を通じたネットワークで繋がっているパンドラの生態系は、映画だけの世界と思ったかもしれません。

しかし、生態学の最近の研究は、地球に広がる生態系もパンドラのように生物が互いに繋がっていることを示しています。

植物がシグナルとして様々な揮発性物質を放出して、周りの生物とコミュニケーションをとっているのはその一例です。

外部から見ているだけでは分かりませんが、地球の生態系も生物が互いに相互作用ネットワークで繋がった一種の共生系を構成しています。

人間も当然、その一員です。しかし、人類は、『アバター』で描かれているように、地球の自然を収奪の対象として見てきました。人口増加と科学技術の発達により、近年の人間活動は世界各地の自然を大きく傷めています。

例えば、熱帯雨林では大規模な伐採が進み、草原では家畜の過放牧により砂漠化が進行しています。海では乱獲により多くの魚が絶滅の危機にあります。『アバター』の中で自然を破壊する人間の行為は、パンドラではなく、正に地球で起こっていることです。

人間と自然の関係は、将来ますます難しくなることが予想されます。

2050年には地球の人口は90億人に達するといわれています。現在より20億人も増えることになります。そのことは、地球上でさらに20億人分の新たな食料を確保する必要があることを意味します。

また、人口増加以外に、中国などの新興国は経済発展とともに肉食の需要が増え、トウモロコシなどの飼料用穀物増産が求められるでしょう。これまでの人口増加は、主に「緑の革命」による収量増加で対応してきましたが、そろそろ「緑の革命」による食料増産も限界にきています。

食料増産に対応する一つの方法は、農地の拡大です。熱帯にはアマゾンを始め、まだ広大な森林が広がっています。これら森林は水を浄化し、大気中の二酸化炭素を吸収し、地球の大気と気候の安定をもたらしています。広大な森林が農地に転換された場合、生態系の物質循環が変わり、生物多様性も著しく悪化するかもしれません。

農地を広げて人類の生活を豊かにすることが、人類の生存基盤を脅かすという逆説的な構図が将来は地球規模で顕在化してくるかもしれません。

「緑の革命」は基本的には自然と対立する技術です。将来は、自然栽培のように人間と自然の対立を回避し、共生しながら自然の資源を利用する技術が必要になるのは間違いありません。

第五章　なぜ病気が抑えられるか

「植物免疫」を使った病害防除

肥料が充分与えられた作物は病気にかかりやすい

作物生産に最も大きなダメージを与える要因の一つである病気は、細菌やカビなどの微生物により引き起こされます。

自然の中には莫大な数の微生物がいますが、その中で作物に病気を引き起こす微生物はそれほど多くはなく、リンゴでもせいぜい20種類くらいです。

通常の作物栽培で病気を防除する方法は、もっぱら畑全体に農薬を散布し、そこにすむ微生物をすべて殺すことです。季節により出現する微生物は異なるので、リンゴの病原菌を防除するためには、4月から8月の間に月2、3回のペースで農薬散布を行います。

自然界の植物は、農薬をまかなくても病気による大きな被害を受けないのに、作物栽培ではなぜ大量の農薬をまかないと病気による大きな被害を受けるのでしょうか。

それは、農業の近代化により化学肥料を大量に使うようになったことが関係しています。肥料が充分与えられた作物は病気にかかりやすい体質になります。多くの肥料を吸収した作物は葉が柔らかくなり、病原菌が侵入しやすくなるのです。

また、肥料を与えると葉が繁茂して風通しが悪くなり、病原菌が増殖しやすい湿った条件をつくります。

通常の稲作栽培で大きな被害を与えるイモチ病は、不思議なことに自然栽培で育てたイネには、ほとんど見られません。肥料を与えないことで、葉が丈夫になり、また葉の繁茂も抑えられるので、菌が増殖しにくい環境ができるためと考えられます。

また、品種改良により、作物品種が遺伝的に均一になったことも、畑全体に病気が広がりやすくなった原因となっています。

ジャガイモは16世紀に南アメリカからヨーロッパにもち込まれた後、アイルランドの寒冷な気候に適したため、短期間で広がりました。しかし、１８４５年にジャガイモ疫病が発生すると、ジャガイモは壊滅し、収穫が皆無となったため１００万人にのぼる餓死者が出たと記録されています。

ジャガイモは、種子ではなくイモ（クローン）で増えるため、すべての株が1種類のクローンであることが被害を拡大しました。遺伝的に同一の品種を大量の化学肥料を与

木村リンゴ園で黒星病にかかったリンゴの葉

えて栽培する条件では、病気は農薬で防除するしか方法はないと考えられています。

木村リンゴ園で病気の害が抑えられる理由

木村リンゴ園では、最初から無農薬でリンゴが収穫できたわけではありません。

無農薬でリンゴ栽培を始めた最初の8年間は、毎年、リンゴの葉が斑点落葉病などの病気に感染し、9月にはほとんどの葉が落ちて、リンゴは収穫できませんでした。

リンゴ園を自然に戻すことに気がついて自然栽培に転換した当初も、同じような状況が続きました。しかし、自然栽培開始後2年目を過ぎると、病気にはかかるが、感染が広がらず、落ちる葉が少なくなってきました。

30年近く経った現在でも、ほとんどの葉には黒星病や褐斑病の感染を示す病斑が見られます。葉に病斑がほとんど見られない通常の方法で栽培されたリンゴの葉とは対照的です。

しかし、葉がすべて落ちてリンゴが収穫できなかった頃との違いは、病気に感染した葉でも病気が葉全体には広がらず、多くの葉は木についたままの状態でいることです。病気に感染し病斑は出ても、葉は光合成を行うことができるので、秋にはリンゴが収穫できます。

このことから分かるように、「奇跡のリンゴ」は慣行栽培と全く異なる方法、つまり、病原菌を排除するのではなく病原菌に耐性をもつ方法で病気に対抗しているのです。

私たち人間が病気に感染した時には免疫で病気に対抗します。

「奇跡のリンゴ」が病気に感染しても病気の広がりを抑えることができることは、人間で見られる免疫と似ています。

「奇跡のリンゴ」の秘密は、自然栽培を続ける中でリンゴが元々もっていた免疫機能を回復できたことと関係しているのかもしれません。

逆にいうと、通常の栽培条件では、リンゴは本来もっている免疫機能を失っていることを意味します。

化学肥料や農薬を与えることで一見健康そうに育っている作物も、本来の免疫力を失ってひ弱な体質になっているのです。

自然栽培で用いる第三の「生物の力」は、「植物免疫」です。

作物の免疫力を高める方法が分かれば、合成農薬を使う代わりに、作物の免疫力を高めて病気に対抗する新しい技術が生まれてくるかもしれません。

動物にも植物にも備わる自然免疫

以前は植物には免疫がないと考えられていましたが、最近の研究では、植物にも動物と同じような免疫があることが分かってきました。

人間の免疫は自然免疫と適応免疫に分けられます。

自然免疫は、病原菌が侵入してきた時に細胞表面で菌の侵入を感知し、攻撃する最初の関門です。適応免疫は、よく知られている白血球を使った免疫応答で、体に侵入した病原体を記憶し、白血球により攻撃する仕組みです。

植物には、白血球がないので、人間のような適応免疫はありませんが、自然免疫は備わっています。

自然免疫は、病原菌に対抗するために生物が進化の早い段階で生み出したシステムで、植物にも動物にも共通に備わっているのです。

免疫応答には少なくとも二つの要素が必要です。

一つは病原菌を感知するセンサー機能と、もう一つは感知した病原菌を排除する攻撃システムです。植物と人間の免疫応答の大きな違いは、病原菌を排除する攻撃システムにあります。

植物が病原菌を攻撃する方法はもっぱら、抗生物質のように抗菌作用のある物質を使って病原体を殺す方法です。

京都大学の西村いくこ教授のグループにより、この仕組みの詳細が、最近解明されました。病原性の細菌に感染すると、植物は感染部位の細胞内にある液胞という区画の中

斑点落葉病に感染した部分が抜け落ちた葉

に閉じ込めていた抗菌物質を細胞外に放出することで侵入した細菌を殺すのです。その時、同時に、病原菌に感染した細胞も自発的に死ぬことで病原体を閉じ込め、他の健全な組織に広がらないようにします。

実際、木村リンゴ園には、病気に感染した部分が死んで穴が開いた葉がよく見られます。

免疫応答では、病原菌を排除する攻撃システム以外に病原菌を感知するセンサー機能も重要です。斑点落葉病菌や褐斑病菌はリンゴに病気を引き起こしますが、他の作物には病気を起こしません。

これら病原菌がリンゴのもつ病原菌を感知するセンサーをすり抜けることができるように進化したため、リンゴの免疫からの攻撃を免れることができるからです。

作物が病原菌を感知する方法は、鍵と鍵穴の関係に似ています。病原菌には鍵の役割をする分子が細胞表面にあります。

その分子の形を作物が備えている鍵穴で病原菌を認識します。細胞表面にある作物の鍵穴が各病原菌がもつ鍵を認識して働く防御システムを農学では「真正抵抗性」と呼んでいます。

「真正抵抗性」は細胞表面にある鍵穴（センサー）に適合する鍵（病原菌）だけを防御することができるので、特定の病原菌にしか働きません。

これまでの品種改良では、作物の細胞表面の鍵穴の形を改造することで、いろいろな鍵をもつ病原菌に対する抵抗性を向上させてきました。

しかし、病原菌は進化が速いために、直ぐに鍵の形を変えることができるので、せっかく長い時間をかけて品種改良した鍵穴の効果は短期間しか役に立ちません。

それが、植物の免疫を利用して病原菌を防御する方法の欠点でした。

共生微生物がリンゴの免疫を活性化し病気に対する抵抗性を向上させる⁉

一方、圃場《ほじょう》（畑）での観察から、作物には病気に対する別のタイプの抵抗性もあることが分かっています。

それは、すべての病気に対して効果をもつ抵抗性で、「圃場抵抗性」と呼ばれています。

このタイプの抵抗性は、細胞表面の鍵穴に頼るのではなく、別の方法で抵抗性を高めるようですが、そのメカニズムについてはよく分かっていません。

木村リンゴ園のリンゴは、いろいろな病気に対する抵抗性が高まっているので、「圃場抵抗性」で病気に対抗しているのは間違いありません。

最近、エンドファイトと呼ばれる共生微生物が注目されています。

エンドファイトは病気を引き起こさずに植物の体内にすんでいる微生物のことで、多くの植物の葉や根の中にすんでいることが分かってきました。

最近、エンドファイトが作物の病気に対する免疫を誘導することが報告されています。

作物がエンドファイトに感染することで、植物全体に何らかのシグナルが伝わり、免疫

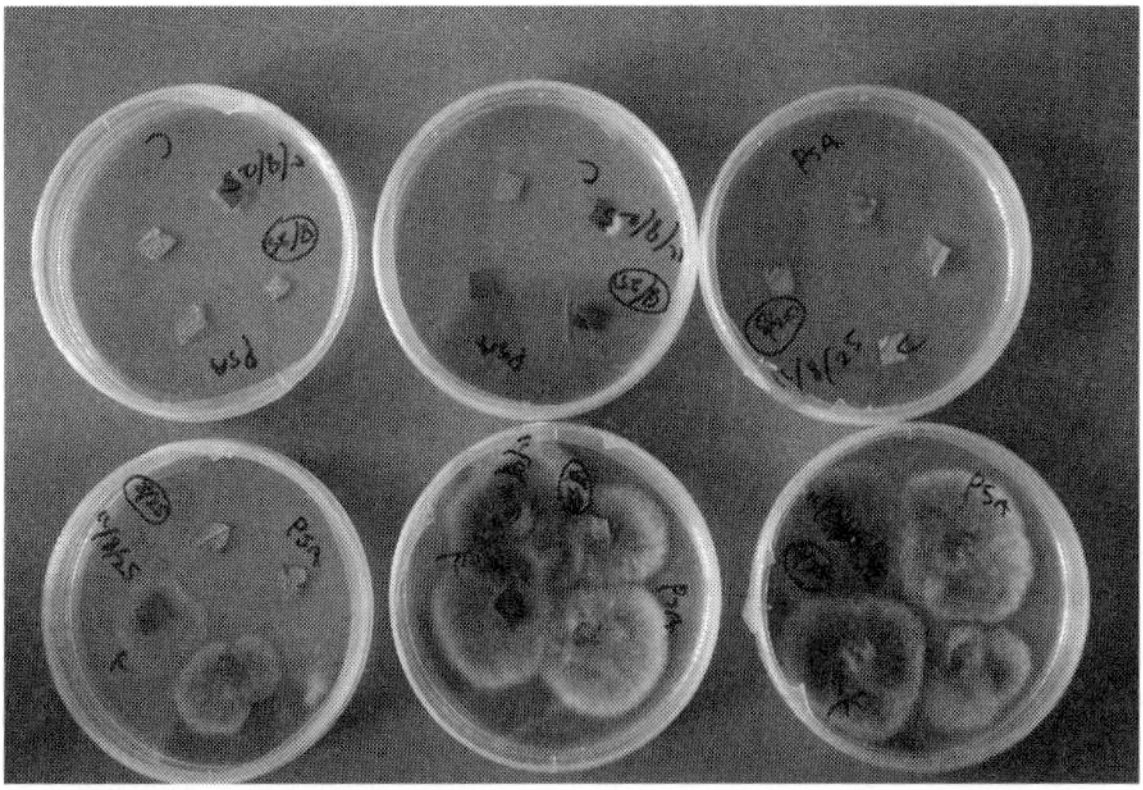

リンゴの葉1㎠の小片を培養して3日後の写真。増えているのは葉の内部にすんでいるエンドファイト。木村リンゴ園(下)の葉は慣行栽培リンゴ園(上)の葉よりエンドファイトが多い。

■木村リンゴ園と慣行栽培リンゴ園の果皮と葉にすむ内生菌(真菌)の種数

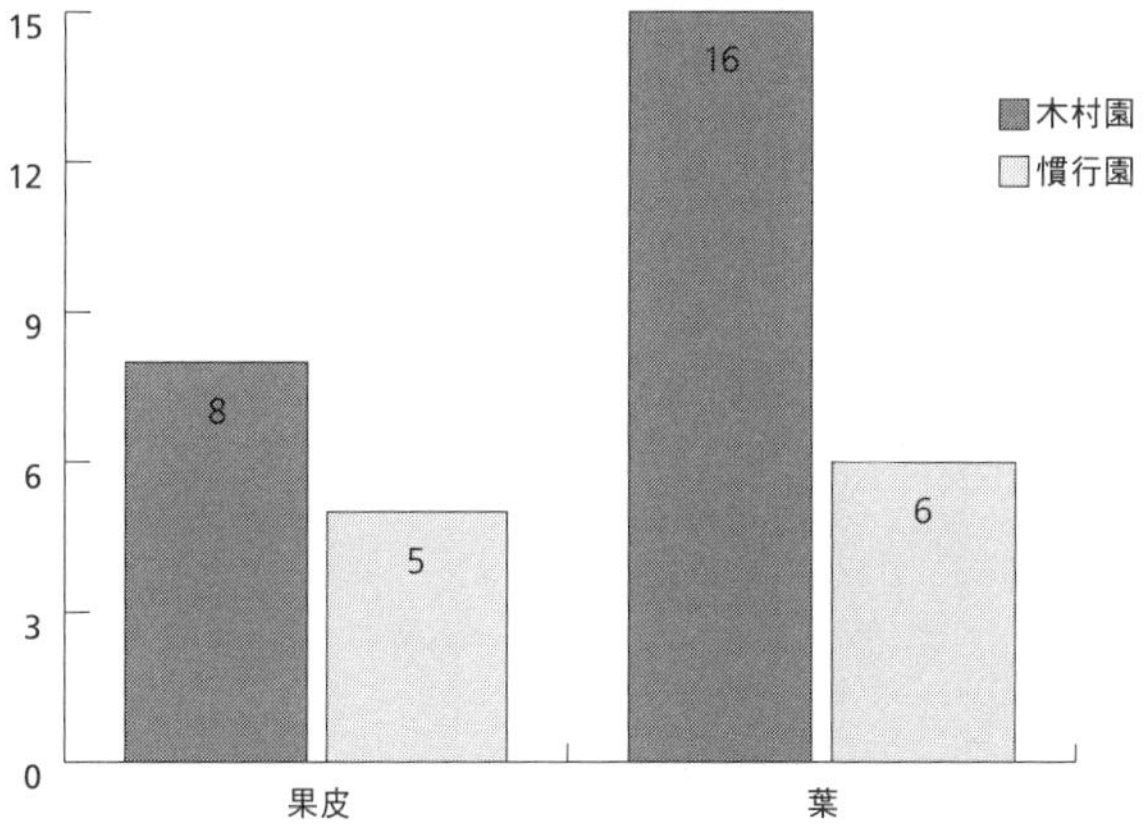

が活性化されるようなのです。

エンドファイトにより誘導される免疫は、自然栽培で見られるどの病気にも対応する「圃場抵抗性」のタイプです。

前頁のように、木村リンゴ園では慣行栽培リンゴ園に比べ、リンゴの葉や果皮にすむエンドファイトの種類も多くなっています。

したがって、私は、エンドファイトがリンゴの免疫を活性化し、病気に対する抵抗性を向上させていると考えています。しかし、エンドファイトが免疫を誘導するメカニズムについてはほとんど分かっておらず、今後の研究を待つ必要があります。

人間の体も微生物とのネットワークで繋がっている

植物の免疫とエンドファイトの関係は、最近研究が進んでいる人間の免疫と腸内細菌の関係に似ています。少し脇道にそれますが、腸内細菌と人間の免疫の関係について見てみましょう。

人間の腸には莫大な数の細菌がすんでいることは昔から知られていました。人間の体を構成している細胞は全部で60兆個と推定されていますが、皮膚や口、腸にすんでいる細菌は総計1000兆個といわれています。

つまり、私たちの体には私たちの細胞より10倍以上多い細菌がすんでいるのです。日常あまり意識することはありませんが、私たちの体は多数の微生物群集（マイクロバイオーム）により構成されている複雑な生態系なのです。自然の生物群集が複雑な生物間のネットワークで繋がっているように、私たちの体も微生物とのネットワークで繋がっています。

腸は免疫が活発な組織で、全免疫細胞の60％が集まっています。

免疫と腸内細菌の興味深い関係が、カリフォルニア工科大学のサーキス・マズマニアンらにより2010年のサイエンス誌に発表されました。彼らは、腸内細菌をもたないように無菌状態で育てたマウスが自己免疫疾患のような症状を引き起こすことを見つけました。

しかし、バクテロイデス・フラジリスというごく普通の細菌を腸に加えると免疫疾患は治まりました。

自己免疫疾患は、主要な免疫細胞である炎症性T細胞が自分の組織を攻撃することで起こります。

マズマニアンらが明らかにしたことは、バクテロイデス・フラジリスを加えると、もう一つの免疫に関与するT細胞である制御性T細胞が活性化され、攻撃的になり過ぎた炎症性T細胞を抑えることでした。

正常な免疫応答には異物を攻撃する炎症性T細胞とその活性を抑える制御性T細胞のバランスが必要です。

異物を攻撃する炎症性T細胞の働きが強くなり過ぎると、誤って自分の組織を攻撃することになり、弱くなり過ぎると病原体の侵入を招きます。

マズマニアンらは、炎症性T細胞は悪玉菌である糸状性の細菌により活性化され、制御性T細胞はバクテロイデス・フラジリスのような善玉菌により活性化され、そして、悪玉菌と善玉菌のバランスのとれた腸内細菌群集が健全な免疫システムを導くことを明らかにしています。

免疫は自己と非自己を識別し、免疫細胞が非自己と識別された異物を攻撃し、排除する反応です。

これまで、自己と非自己は個々の免疫細胞がもつ遺伝子の違いにより識別されると考えられてきました。

しかし、マズマニアンらの研究は、自己と非自己を識別するには免疫細胞のもつ遺伝子以外に腸内細菌の助けが必要なことを示しています。

生物群集の構造変化は生態系の機能変化に結びつく

腸は食物の通り道です。

ホモサピエンスが誕生して以来、20万年にわたって人間の免疫細胞と腸内細菌は互いに進化し、共生関係が確立してきました。

長い進化の過程で、腸内細菌は人間の健康や生活に不可欠な存在となり、免疫応答の自己と非自己の識別を制御する役割を担うようになったと考えられます。人間は正常な腸内細菌なしには、健康に過ごせないように進化しているといえます。

先進国では、自己免疫疾患で苦しむ人が増えています。

日本でも、50年前には問題にならなかった花粉や食品に対するアレルギーが激増しています。

マズマニアンらは、これら免疫異常に由来する疾患は、戦後の文明が腸内細菌の変化を引き起こしたことと関係しているのではないかと考えています。

抗生物質が安易に使われ、食品には殺菌剤である保存料などの添加物が含まれます。また、私たちの身の回りには、抗菌性の商品があふれています。

何よりも、ほとんどの農産物が農薬を使い生産されています。

これら抗菌性の化学物質の乱用は、人間の健康には目立った影響を与えなくても、私たちの腸内細菌には大きな影響を与えているのかもしれません。

生物群集の構造変化は生態系の機能変化に結びつきます。

日常生活にあふれる抗菌性の化学物質が、私たちの体を構成する腸内細菌群集の構造を変えることで、私たちの健康機能を変えている可能性は充分考えられることです。

奇跡のリンゴは医と食を繋ぐ可能性を秘めている

生物は自然の中でいろいろな生物とネットワークを形成して生きています。

人類は近代文明を通じて農業と医療を発展させ、自然の制約から独立しようと試みてきました。

しかし、腸内細菌との関係に見られるように、人間は生態系のネットワークから離れては健康に生きることができません。ヒトはヒトだけでは生きていけないのです。

カーソンは『沈黙の春』で化学物質が野生の生命を無差別に殺すことで自然のバランスが破壊されることを心配しました。しかし、むしろ心配すべきは、自然より私たちの体の中のバランスだったのかもしれません。

私たちの生活を脅かす生物を排除するために使われている化学物質は、同時に、私たちに利益を与える共生微生物を壊しているのかもしれないのです。

人間の腸内細菌は出生後に外部から取り込まれます。ホモサピエンスから進化してきた20万年の間、人間は自然の食物を通じて腸内細菌を取り込んできました。

無農薬で栽培された野菜や果物には、エンドファイトとして多様な微生物がすんでいます。

特に、リンゴでは皮の部分に多くのエンドファイトがすんでいますが、多くの人は皮をむいてリンゴを食べます。

木村リンゴ園でつくられた「奇跡のリンゴ」は農薬を気にする必要がなく、皮のまま安心して食べることができます。

自然栽培でつくられた作物は、私たちの腸内細菌叢《そう》を豊かにするかもしれません。

もし、そうなら、「奇跡のリンゴ」は医と食を繋ぐ可能性を秘めているのです。

第六章

自然栽培の科学と技術

虫、雑草、微生物は作物の敵にも味方にもなる

これまでの章で、無農薬・無肥料でリンゴ栽培に成功した秘訣《ひけつ》は、「生物の力」にあり、「植物―土壌フィードバック」「生物間相互作用ネットワーク」「植物免疫」などの力が肥料や農薬の代わりを果たしていることを示してきました。

このような「生物の力」を利用する自然栽培は、近代農業を支える「緑の革命」の技術と大きく異なります。本章では、「奇跡のリンゴ」の技術に必要な特徴を明らかにしたいと考えています。

近代農学の出発点は、19世紀中頃に活躍した化学者リービッヒといってよいでしょう。リービッヒの行った作物の栄養化学の発見は、直ぐに大学や農業試験場の研究に引き継がれました。

その結果、作物の栄養吸収についての研究が進み、作物をよく育てるための化学肥料の施与技術が確立しました。

また、作物の病気や害虫の研究を通じて病気を引き起こす病原菌が特定され、害虫の生態も明らかにされることで、数々の合成農薬が開発されました。

作物の光合成研究は、収量の高い品種を育成する基礎をつくりました。

これらの研究のおかげで、作物の栄養不足に悩むことなく、病気や害虫の発生を気にすることもなくなり、農業はほぼ完全に人間がコントロールできるようになりました。

第二次世界大戦後に確立した「緑の革命」の技術は、短期間に世界中に広まりましたが、それは、この技術が各地域の自然や土地の影響を受けずに作物を栽培することを可能にしたことにあります。

世界各地には様々な雑草や、病原菌、害虫がいますが、合成農薬を使えばそれらの被害を心配する必要はありません。化学肥料を使えば、土地が痩せていても作物を健全に育てることができます。

化学や生物学の発展から生まれた「緑の革命」の技術は、どこの国であろうと、高い収量を保証できる普遍性に支えられています。

しかし、ひとたび、農薬を使わなくなると、農地には、様々な虫、雑草、微生物が増えてきて、作物の生育を阻害し、その結果、人間が作物栽培をコントロールすることができなくなります。

また、肥料を与えないと、作物の生育は悪くなり、満足のいく収穫は期待できません。しかし「奇跡のリンゴ」は、これまでの常識を覆しました。

農薬を使わなくても作物は害虫に食べ尽くされることはなく、病気ですべての葉が枯れることもなく、肥料を与えなくても作物は適度に生育し、収穫ができることを示しました。

農地にすむ様々な虫、雑草、微生物は作物の敵にも味方にもなります。自然栽培は、農地に発達した複雑な生物群集をうまく制御し、「生物の力」を農薬や肥料の代わりとして利用することを基礎としています。

つまり、「緑の革命」を支える科学と「自然栽培」を支える科学は全く考え方が違うのです。

残念ながら、化学肥料と合成農薬の使用を前提とした現在の農学は、「奇跡のリンゴ」の技術を発展させるには不向きであり、自然栽培の技術を確立するには、現在の農学とは違う科学が必要になります。

この二つの栽培方法の違いは、科学の異なる分野の間に見られる本質的な違いを反映しています。

そのよい例が、生物学における分子生物学と生態学の対立です。

DNAの構造の発見でノーベル賞を受賞したジェームス・ワトソンと二度のピュリッツァー賞を受賞した生態学者で動物行動学者のエドワード・ウィルソンの対立は、「緑の革命」と「自然栽培」の本質的な違いを理解する手助けとなります。

二人の生物学者の葛藤

ジェームス・ワトソンとエドワード・ウィルソンは20世紀を代表する生物学者です。

ワトソンは1928年に生まれ、15歳でシカゴ大学に入学し、22歳で博士号を取得した後、イギリスに渡り、フランシス・クリックとともに、DNAの二重らせん構造を解明したことでノーベル賞を受賞しました。

ワトソンは、アメリカに戻った後も、常に研究の先端に立ち、優れた教科書や一般書を書きながら、世界の生物学をリードしてきました。

1929年生まれのウィルソンは、幼少の頃から自然に触れ、ナチュラリストの素養を磨き、ハーバード大学でアリの生態や行動研究で博士号を取ります。彼は、アリの研究にとどまらず、社会生物学という新しい分野を開拓し、世界で失われつつある生物多様性の危機を訴え、生物学を超えて社会学、芸術、宗教までも包含した人間の本性と知性の統合を試みた知の巨人です。

二人は、1956年から1976年までハーバード大学の生物学部門に在職していました。ともに将来を期待された生物学者として、1958年に30歳と29歳という若さでハーバード大学のテニュア（終身在職権）を得た二人ですが、生物学者として互いを尊敬し合う関係には至りませんでした。

ワトソンは、DNAの二重らせん構造を発見した後、これからの生物学は化学の基本原理に基づいて生命現象を説明する分子生物学に取って代わられるべきだと考えていました。当時のハーバード大学の主流であった発生学、分類学、生態学などの古典的な生物学をあからさまに時代遅れの分野と見下していたワトソンは、ウィルソンのような生態学者を、風変わりな生物を集めて喜んでいる切手収集家のようなものと見なしていました。

当然、ウィルソンはワトソンの化学原理に基づく還元主義的生物学の傲慢に強い拒否感をもちます。

生物学における生物多様性の重要性に気づいていたウィルソンは、決して切手収集家に甘んじていたわけではなく、多様な切手の中に秘められている生物の本質を深く考えていたのです。

二つの生物学と二つの農学

同じ生物学でも、細胞レベルの生命現象を扱う分子生物学と生物社会を研究対象とする生態学では全く依《よ》って立つ理論が異なります。ワトソンとウィルソンの対立は個人的感情の対立というより、生物学の学問分野の考え方の違いに根ざしています。

細胞の生命現象は突き詰めると化学の原理に基づいています。親が子に遺伝子を伝達する仕組みも、卵からオタマジャクシを経てカエルに成長する発生プロセスも、餌を獲得してそれを活動エネルギーに変換する代謝プロセスもすべて化学の原理が支配しています。

リンゴが木から落ちるのは重力があるからで、決して重力に逆らって、反対方向に動くことはありません。同じように、生命現象が化学の法則をはずれることはありません。物理学も化学も基本法則があり、その法則に従って様々な現象が起こるのです。したがって、物理学者や化学者の仕事は、根本原理を発見することとその原理を使って複雑な現象、例えば天体の動きや電気の流れ、物質の変化などを予測し説明することです。

ワトソンの狙いは、細胞レベルで起こる生命現象を基本法則に基づき化学や物理学のように体系づけて再構成することでした。分子生物学と呼ばれるこの流れは、大成功を納め、生物学を物理学や化学に並ぶ地位に押し上げるに至りました。

また、分子生物学の発展は、がんなどの病気の治療や遺伝子組み換え作物など医療や農業という産業分野への応用にも広がりました。

つまり、「緑の革命」の栽培技術の普遍性は元を辿ると、ワトソンの生物学に代表される化学に基づいているのです。

しかし、化学の原理だけでは、生物のもつ多様性を説明できないことは明らかです。DNAには生命の設計図が描かれ、どの細胞にも遺伝物質としてのDNAが含まれていますが、この共通性にもかかわらず、個々の生物には違いがあります。DNAに描かれている設計図の中身が異なるからです。

生物間の多様性をつくるのもまたDNAなのです。

ウィルソンが研究対象に選んだアリは、特に多様な種を含むことで知られています。1万種以上といわれるアリのグループには、植物のセルロースを食べるアリから花の蜜を食べるアリ、ダニなどの小型の虫を捕食するアリ、自らキノコを栽培して食べるアリなど多種多様な生活形態をもつものがあります。

ウィルソンは生物の本質はこの多様性にあると考え、多様性が生まれる原因とその意味に興味をもちました。

化学の基本法則の代わりに生物の多様性を研究するためにウィルソンが頼った理論は、ダーウィンの進化論でした。

ダーウィンは生物の遺伝変異と繁殖力から進化を説明

地球上には150万を超える生物種がすむと推定されています。

土壌の微生物や熱帯林にすむ昆虫など、まだまだ確認されていない種も多いので、実際にはさらに多くの種が地球上にすんでいます。これら多様な生物種はすべて進化によって長い時間をかけて生まれたものです。

生物が進化することを科学理論として説得性をもって示したのはチャールズ・ダーウィンです。1809年、イギリスに生まれたダーウィンは、22歳から27歳の間にビーグル号で世界航海をする機会を得、航海途中で立ち寄った世界各地の多様な動植物を観察したことが進化論を考えつく契機になりました。

その後20年間の深い思索を経て出版された『種の起源』で、ダーウィンは自然選択に基づく進化理論を提唱しました。

出版以来、多くの批判にさらされてきましたが、自然選択理論は現在でも生物の進化を説明する最も確かな理論として科学界に受け入れられています。

この考え方は時間軸に沿って生物が変化（進化）する仕組みを説明するばかりでなく、

ある場所で生物社会がどのように構成されるかを説明する理論にもなっています。

ダーウィンは、生物のもつ二つの基本的特性から、進化は必然的に生じると考えました。その一つは、生物が遺伝変異をつくり出す能力をもっていること（遺伝変異）、もう一つは、生物は必要以上に多くの子孫をつくる能力をもっていること（繁殖力）です。

多くの変異からよいものだけを選択し環境に適応＝自然選択

遺伝とは親の特性が子に伝わることですが、そこには相反する要素が含まれています。つまり、似ないことです。

人間の親子でも同じ遺伝子が親から子に伝わるので、子供は親に似ます。しかし、同じ親から生まれた兄弟、姉妹間には顔の形、背の高さ、性格、運動能力などに大きな違いがあります。また、「鳶《とび》が鷹《たか》を生む」のことわざのように、親の特徴からは予想できない子供が生まれることもあります。

生物の繁殖は、雄と雌が精子と卵子を受精させて子供をつくる有性生殖が一般的です。有性生殖は似ること、似ないこと、両方を可能にします。有性生殖では、父と母のもつ遺伝子がシャッフルされて子供に伝わります。シャッフルにより父親と母親の特徴が混ざり合い子供には様々な変異がつくられます。

もし、親の特徴をそのまま子供に伝えたいのなら無性生殖《クローン》がよいのですが、ほとんどの生物は有性生殖を選んでいます。

似ることよりも変異をつくることの方が、生物にとって重要だからでしょう。

さらに、生物の変異は遺伝子の突然変異によっても広がります。

突然変異はDNAの構造に生じるエラーともいえるもので、エラーなので偶然に起こります。

生物は、変異をつくり出す能力をもっていますが、有性生殖でも突然変異でも変異のつくられ方が運（確率）に支配されています。

つまり、人間でも親が生む子供の特徴を意図的に決められないように、生物は自分に都合のよい変異だけを意図的につくることはできません。

このことは、生物の進化が偶然の要素に強く影響されることを意味します。

しかし、偶然によってつくられた変異だけでは、進化は進みません。ダーウィンは偶然につくられる変異に秩序を与える仕組みがあることを見抜きました。

つまり、多くの変異の中からよいものだけを選んでゆくことで環境に適応してゆく。それが自然選択です。

生物は必要以上に多くの子供をつくります。

例えば、マウスは生後50日で繁殖が可能になり、1回の出産で10匹近くの子を生みます。このままでは、マウスはねずみ算のように倍々で増えていくはずですが、実際にはそうはなりません。

マウスの子は生まれてから餌やすみ場所をめぐる競争にさらされ、生まれた子の多くは死んでしまいます。その時、子供の間に餌をとるための競争力に差があると、競争に強い子は餌を優先的にとることができるので生き残ることができます。そして、この差は遺伝を通じて子供に伝えられます。そうすることで競争に強いマウスが進化してゆきます。

過大な繁殖力をもつことは、1匹の親にとっては多くの子が死ぬという点で無駄かもしれませんが、幅広い変異の中から厳しい選択を通じて優れた能力をもった子供だけが残ってゆくという点では進化の面から見て大きな意味があります。

トップダウンとボトムアップの技術

ダーウィンの進化理論は、ランダムにつくられた変異に選択が加わることによって進化が進むという考えです。

変異のでき方が偶然に依存するばかりでなく、選択のプロセスにも予想できない不確実性があり、どの個体が選択されるかは選択が起こる環境条件によって変わります。

ダーウィンの進化論は、大きな批判を受けました。『種の起源』が発表された当時はキリスト教が勢力をもっていたため、神による創造説を否定する進化論は当然目の敵にされました。しかし、物理学など当時すでに確立されていた学問からも批判は起きました。

自然選択理論が、今までの科学と違い偶然の要素を強くもっていたためです。

科学理論は偶然を嫌います。予測ができないからです。

アルベルト・アインシュタインは「神はサイコロをふらない」という有名な言葉を残

しています。

普遍的法則の存在を前提に成立している物理学や化学は、ダーウィンの進化理論のように確率的要素が強く、絶対的な予測ができない理論は科学ではないと考えたのです。ワトソンとウィルソンの対立の根もここにあります。物理学や化学の普遍的法則に基づき生命現象をトップダウン的に研究する学問と、ダーウィン的なランダムな変異と選択から生物多様性や生物群集の秩序形成を研究するボトムアップ的な学問の間には考え方に大きな溝があるのです。

生物の多様性は、地域の環境条件や偶然的要素の影響を受けた地域固有の特徴を示します。この多様性を利用する自然栽培のプロセスは、偶然に生じた変異に選択を通じて秩序をつくっていく自然選択のプロセスと共通性があります。それは、「化学の力」から「生物の力」への転換を伴う農業イノベーションといえるものです。

慣行栽培と自然栽培は全く逆の方向を向いた栽培システムです。慣行栽培は生物多様性を排除し、自然栽培は生物多様性を利用します。

この方向性の違いは栽培技術の性質に本質的な違いを与えます。

慣行栽培がトップダウン型システムの特徴をもつのに対して、自然栽培はボトムアップで分散型システムの特徴をもちます。

慣行栽培では、多くの作物の栽培マニュアルができています。国の研究機関が基礎的な研究を行い、その成果を各県の農業試験場が県に合った形に修正し、地域の普及員や農協の職員がその技術を生産者に伝えるのが日本で一般的に行われているシステムです。各地域に合った作業マニュアルがつくられ、いつ種子をまけばよいか、どれくらい肥料を施与すればよいか、いつ、どのような農薬をまけばよいかはマニュアルにすべて書かれています。

生産者は、そのマニュアルに従って作業をすれば、大きな失敗をすることはありません。日本で行われている慣行栽培は典型的なトップダウン型のシステムです。

自然栽培では、このようなトップダウン型のシステムはなじみません。それぞれの地域、そして一戸一戸の農家では生える草も違えば、発生する虫や病気も違い、土地の肥《ひ》沃《よく》度も違います。そして、この各農地にすむ多様な生物を相手にするのが自然栽培です。

生物社会の構成は場所により異なり、時間とともに変化するので、細かいマニュアルより要点を書いた「手引き」の方が役立ちます。「手引き」を見ながら、大枠を理解し、観察に基づき細かい判断は各生産者が下す。

マニュアルに従っていればよかった慣行栽培に比べ、自然栽培は生産者の判断、能力が格段に重要になります。

多様で常に変化している生物群集を相手にするには堅固なトップダウン型技術より柔軟なボトムアップ型技術の方が適しているのです。

自然栽培の技術の確立に向けて

生物群集の構造と機能は、生物間の相互作用に起因する内発的力と、攪乱という外部からもたらされる力に強く影響されます。

したがって、この二つの力をうまく制御することが、生物の力を引き出すためには重要です。この二つは、具体的には、（1）農地の生物多様性を豊かにすること、（2）攪乱により生物社会をコントロールすることを意味します。

生物多様性の低いところでは、生物間のネットワークはできません。

住宅街に囲まれた弘前大学の研究圃場には、寄生蜂はほとんどいません。大学内の圃場でキャベツを作っても、寄生蜂による青虫の防除は不可能です。

生物群集が成立する過程は、他の場所から生物が移動し、そこに定着することから始まります。住宅地の中に自然栽培のリンゴ園をつくっても、周りから多様な生物が移動してくることは望めません。

リンゴ園の周辺に住宅地が広がっているか、森林が広がっているかでリンゴ園の生物多様性が大きく変わります。

地域での様々な生態系の構成を景観と呼びます。

景観は生物群集の多様性を決める重要な要因になっていることが分かってきました。

ヨーロッパでは有機栽培により、農地の生物多様性がどのように変化したかについて大規模な調査が行われてきました。

それによると、農薬をまかないことで、確かに蝶や昆虫などの多様性は増えますが、それと同じくらい景観の複雑さも影響していることが分かってきました。

例えば、大きなムギ畑が一面に広がるよりも、ムギ畑や草地、林などの異なる土地利用形態が地域に混ざり合い複雑になっていることが地域全体の生物多様性を高めるのに有効なのです。

このことは、自然栽培の成功の条件を示唆します。

水田地帯の真ん中にリンゴ園をつくっても、一面のムギ畑にリンゴ園をつくっても多様な生物が集まる保証はありません。近くに林があり、草地があり、畑があるように、地域に多様な景観があることが農地の多様な生物相をつくる上で重要なのです。

生物多様性は、地域全体で考える必要があります。このことは、自然栽培は地域の中で孤立した形で行うより、地域全体で取り組む方がはるかに効率的に進むことを意味しています。

小さな攪乱が大きな変化を引き起こす

自然栽培における栽培作業は、生態学的に攪乱と呼べるものです。どのような攪乱を行うかが自然栽培の成否を握る鍵となります。

一つの大事な視点は、生物群集の構成種はすべて同じ役割をもっているわけではなく、その群集の構造を決める鍵となる生物がいることに気づくことです。

その鍵となる生物が、キーストーン種です。

アメリカの生態学者、ロバート・ペインは海岸の潮間帯でそこにすむヒトデを除去する実験を行いました。ヒトデは二枚貝やイガイを食べる捕食者です。

ヒトデを排除したことで、今までヒトデの捕食により抑えられていたイガイが他の貝類を競争的に排除し、構成種を15種から8種に大幅に減らし、潮間帯の生態系を大きく変えたのです。ヒトデではなくイガイを排除しても群集の構造は大きく変わりません。

ヒトデのようなキーストーン種を制御することで、生物群集は大きく変わるのです。

自然栽培でも、農地での鍵となるプロセスが何かを見極め、そのプロセスを操作することで畑の状態が大きく変わります。「奇跡のリンゴ」の場合、それが土壌でした。

土壌をよくするために植えたムギや大豆、下草の刈り取りのような撹乱が植物と土壌微生物の間の窒素循環を促進し、リンゴ園を変えたのです。

小さな撹乱が大きな変化を引き起こす。そこに、自然栽培の技術のポイントがあるように思います。

ボトムアップ型システムとイノベーション

トップダウンとボトムアップという異なる秩序形成システムは、人間社会の中でも見られます。

政治を例にとると、権力者がトップダウンでルールを定める方式もあるし、市民が意見を述べ合って合意で決めるボトムアップの方式もあります。

昔は、独裁者や宗教指導者によるトップダウン的な統治が多く見られましたが、権力者が方針を決め統治するトップダウンのシステムは現在では少数派となっています。

頭の中の理論や原理は、短期的に現実の社会をうまく動かすことはできても、長期的には現実の速い変化についていけなくなり、最終的には破綻する運命にあるようです。

現在、多くの国では異なる政策をもつ政党（変異）が有権者（選択）により選ばれ、ルールを決める民主主義が一般的になっています。

民主主義は、典型的なボトムアップ型システムです。

経済でも、中央官僚が需要と供給を計算して経済を動かす社会主義的経済システムは姿を消し、企業家が商品（変異）を市場に出し、消費者が自由に選ぶ（選択）市場経済が普通になっています。

人間社会も生物社会と同じように、ダーウィン的な変異と選択により社会が動くボトムアップ型システムが生き残ってきたわけです。

ボトムアップ型システムは、意思決定が遅く、一見効率が悪いように見えますが、現代のように変化の速い時代には、最も適応したシステムなのかもしれません。

意外に思われるかもしれませんが、ボトムアップ的なプロセスが最も必要なのが、科学研究や技術開発の分野です。自然界の多くの現象は物理や化学の法則に従ってトップダウン的に動いていますが、その法則を科学者が見つけるプロセスはボトムアップ的です。科学者は仮説を立て（変異）、それを実験で検証（選択）します。

仮説が実験で検証されると、仮説は科学理論として受け入れられますが、もし、仮説が実験により否定されると、その仮説を捨て、次の新しい仮説を考え、また次の実験で検証します。このように科学の発展は変異（仮説）と選択（実験）から成るボトムアップ的プロセスによりつくられるのです。

カール・ポパーという哲学者は、科学と宗教を分けるのは、知識が確立されるプロセスにあるといっています。

宗教では、教祖の教えが絶対で、それを疑って検証することはありませんが、科学は常に理論を疑ってかかります。

科学が変異と選択のプロセスで進むなら、飛躍的な発展には、飛躍的な発想（変異）が不可欠です。

ダーウィンの進化理論も、アルフレッド・ウェゲナーの大陸移動説も発表された当時は、突飛な考えでした。それが、多くの実験や観察の検証を経て、今では確かな科学理論として確立されています。

最近の例では、山中伸弥京都大学教授のｉＰＳ細胞の発見があります。

ｉＰＳ細胞の発想は、後から考えれば誰でも思いつくものですが、専門家ほど過去の理論に縛られ、突飛な発想ができない傾向があります。山中教授は医師の世界から研究者に進むという、科学者としては傍流の道を歩んでいます。このことが、専門家が誰も可能と考えなかったｉＰＳ細胞のアイデアを推し進めることができた一つの要因になっているのではないでしょうか。

科学の大発見は、中心より周辺から生まれることが多いのです。それに加え、よい研究環境を求めていた山中教授を、当時は無名だったにもかかわらず奈良先端科学技術大学院大学が選んだことも特筆されるべきでしょう。

大学教員の選考は、自由に応募した候補者の中から過去の研究業績を中心に適任者が選ばれます。一流研究室出身者は研究業績の量で優れるため教員選考では有利になることが多いのですが、多くの候補者の中から過去の業績にこだわらず将来性を見抜いて山中教授を選んだ奈良先端科学技術大学院大学の慧眼《けいがん》は評価されるべきでしょう。山中教授のノーベル賞受賞は、山中教授個人の才能と奈良先端科学技術大学院大学の優れた選択能力という変異と選択のボトムアップ型システムがうまく働いた例です。

ノーベル賞を獲得することとオリンピックで金メダルを獲得することは大変名誉なことですが、なかなか達成することが難しい目標です。

オリンピックのメダル獲得数は国家の威信に関わることなので、多くの国ではメダル獲得数を増やそうと国家が中心となって取り組んできています。

今から20年以上前の東西冷戦時代には、ソ連や東ドイツなどの国家は、国が中心となって才能のあるアスリートを若い段階で選抜し、国の機関で育成することで、オリンピックで多くのメダルを獲得していました。

オリンピックのメダル獲得にはトップダウン型システムが効果的に働くようです。しかし、ソ連や東ドイツがノーベル賞の獲得で大きな成果を出すことはありませんでした。ソ連や東ドイツは言論の自由が封殺された社会主義国家だったからです。

科学の大発見は個人の自由な発想から生まれるので、ノーベル賞級の科学的成果を生み出すことは言論の自由が制限された独裁国家にはなじみません。

アメリカやイギリスなどの国がノーベル賞の獲得で圧倒的に優位にあるのは、国家が科学技術に大量の予算をつぎ込むだけでなく、自由な言論を保障する民主的システムが根づいているからです。

一党独裁で言論の自由が制限され、就職や昇進で血縁、人脈、閥が横行する社会では、変異と選択に基づく民主的システムが機能しません。

日本の周りには、国家の威信をかけてノーベル賞獲得者を出すことに熱心な国もありますが、自由と公正が確立されていない社会では、いくら国家予算をつぎ込んでも、科学の偉大な発見が生まれる確率は低いでしょう。

技術開発でも同じことがいえます。

2012年9月1日の朝日新聞に面白い記事が載っています。経営学者の野中郁次郎さんが、1980年代の「ジャパン・アズ・ナンバーワン」の時代から日本企業が衰退していった原因を考察したものです。

野中さんによると、1970年代に日本企業が多くの優れた製品を開発できた理由を、現場の「私はこれがやりたい」という自由な発想をうまく開発に繋げるマネジメントが機能していたことをあげています。

いわゆる変異と選択のボトムアップ型システムです。

それが、アメリカから輸入された経営学が広まったことで、企業の開発マネジメントがボトムアップ型システムからトップダウン型システムに変化し、そのことで、現場の開発者の自由な発想を生み出す空気が失われ、製品の開発力が低下したというものです。

トップダウン的思考がガバナンスに結びつくと、変異と選択のボトムアップ的プロセスは非効率的なシステムとして排除される傾向にあります。一見効率的に見えるトップダウン的ガバナンスがじつは、技術のイノベーションを生み出すシステムとは対極にあるのです。

日本では10年ほど前から、国立大学も各省庁の研究機関も独立行政法人になりました。公務員として「放置」されていた研究機関を、国が管理して活性化しようとしたのです。

各法人には、中期目標が設定され、期間中に目標を達成することが求められるようになりました。

しかし、中期目標の達成が優先されるマネジメントは、ｉＰＳ細胞のような突飛な発想に基づくリスクの高い研究を進めるには適しません。

イノベーションに繋がる大発見は、決して事前の目標の中から生まれるのではなく、予想できない偶然的要素が関与するからです。

アメリカは科学では世界で圧倒的な優位性を持っています。アメリカの科学者は日本より厳しい競争環境に置かれていますが、科学者の自由な発想を活かすようなマネジメントがうまく機能しています。

資源の乏しい日本が生きる道は、研究開発といわれています。日本には世界で活躍できそうな多くの人材がいますが、優れた人材を活かすマネジメントが不足しているのではないでしょうか。

木村秋則さんは、自分のリンゴ園に「放置」でもなく、「トップダウン」でもない新しいシステム、つまり、多様な生物が互いに関係し合って機能を高める自然栽培のシステムをつくりました。

自然栽培の考え方は、人間組織のマネジメントに通じるものがあるように思います。

第七章

自然栽培の未来

日本の農業問題と自然栽培

これまでの章では、「奇跡のリンゴ」を成功に導いた科学的背景について説明してきました。本章では、「奇跡のリンゴ」をつくり出した自然栽培が日本の農業に対しても つ意味について考えたいと思います。

現在の日本の農業は多くの問題を抱えています。特に、農産物の低い国際競争力、低い食料自給率、耕作放棄地の増加、後継者不足と農家人口の減少などは、深刻な問題です。

これらの問題は、日本の農村社会に特有の構造的要因も関係していますが、多くは「緑の革命」がもたらした農業のグローバル化が関係しています。

イネ、トウモロコシ、コムギは世界の三大作物といわれ、米、パン、麺類などの主食や家畜の餌として人間の生活に必要なエネルギーの多くを供給しています。これらの作物は「緑の革命」の技術の恩恵を最も受け、大幅な収量増加を達成しました。

さらに、生鮮野菜や果物に比べ、米やムギ、トウモロコシは乾燥しているために腐りにくく、長距離輸送が容易にできます。

農業国の大幅な収量増加により余剰農産物が生まれ、輸送の容易さから世界規模でのグローバルな貿易が生まれました。日本の抱える農業問題の多くは、この流れに対応できなかったことに起因しているといってよいでしょう。

まず、「緑の革命」が世界と日本の農業に与えた影響を見てみましょう。

「緑の革命」の広がりと農業の工業化

「緑の革命」は作物生産性の著しい向上をもたらし、その成功はすぐに世界各地に広がりました。１９９５年にアメリカの環境学者のレスター・ブラウンは『だれが中国を養うのか？』という刺激的な本を出し、世界の注目を集めました。

この本の中で、経済発展を続ける中国は肉食が増え穀物需要の大幅な増加により、２０３０年には１９９３年度の食料の世界貿易量に匹敵する２億トンもの食料を輸入する必要に迫られるとの予測を出しました。しかし、本が出版された１９９５年以降、中国は食料の生産増加に成功し、２０１２年の段階で大幅な食料を輸入する段階にはなっていません。それは、中国が「緑の革命」の農業技術を積極的に取り入れ、主要作物の収量を大幅に増加させることに成功したからです。

同じことは、億の人口を抱えるインドや東南アジアでも見られました。これらの国でも「緑の革命」の技術を積極的に導入し、イネ、コムギ、トウモロコシなどの主要作物の著しい収量増加を達成し、国内の多くの人口を養うことができました。

タイは米の増産に成功し、今では米の主要な輸出国になっています。中南米でも同じことが起こりました。

広い国土をもつブラジルやアルゼンチンは、「緑の革命」の技術を利用し、作物生産力の向上に努め、２０００年代には世界でもトップの食料輸出国になりました。

「緑の革命」がもたらしたものは、農業の工業化です。工業化により農業の地域性が失われ、世界的な均質化が進行しました。

「緑の革命」が短期間に世界で普及したのは、その技術が単純であることが大きな要因となっています。

その技術は、種をまき、肥料や農薬を与え、収穫するプロセスから成る単純なものです。部品だけで2万点近くにのぼり、高度の技術力が要求される自動車の生産とは異なります。

技術が単純であることは、技術に差ができにくいことを意味します。技術に差がなければ、競争力は経営規模に左右されます。

10ヘクタールより100ヘクタール、100ヘクタールより1000ヘクタールの規模の方が生産コストは安くなります。

農産物の価格競争が激化すると、大規模な農家が中小規模の農家を経済効率で凌駕《りょうが》するようになります。

それが国際的に拡大されたのが、最近のTPP問題です。日本の1戸当たりの農地面積は2ヘクタール強です。おおよそEUの6分の1、アメリカの75分の1、オーストラリアの1300分の1です。

日本農業の低い国際競争力は日本社会の構造的問題も関係していますが、国土の広いアメリカやオーストラリア、ブラジルなどとは同じ土俵では競争にならないことが根本的な原因です。

畜産業への波及

「緑の革命」は畜産業にも大きな変化をもたらしました。

多くの人は、牛は広い草原で草を食べているというイメージをもっています。しかし、日本の多くの畜産業はそのような状態にはありません。狭い畜舎の中で動物を飼う舎飼い方式が主流になっています。

広い草原で草を食べさせるより畜舎の中でトウモロコシを与える方が余計なカロリーを消費せず、効率よく肉や卵を生産できるのです。

牛を草だけで飼育すると市場に売りに出すまで2年かかるものが、牛舎の中でトウモロコシだけで育てることで市場に出す期間を短縮できます。

草を食べさせるには広い牧草地が必要ですが、国土の狭い日本でも畜舎での飼育なら、安い飼料さえ手に入れば土地は制限要因になりません。

鶏や豚は特にこの傾向が顕著で、外国から大量のトウモロコシ飼料を海上輸送で安く運ぶことで生き残ってきました。

畜舎の中で多数の牛、鶏、豚にトウモロコシ飼料を与えて卵や肉を生産するやり方は、まさに畜産工場です。

土を捨てて完全に工業化したことで、日本の畜産は競争力をもつことができました。卵や鶏肉が国産品で安く手に入るのは土を捨てたから可能になったのです。

「緑の革命」のコスト

「緑の革命」は、作物の生産力を著しく増加させ、安価な農産物の大量供給を可能にした一方で、そこには大きな社会的・環境的コストがかかっています。

よく指摘されるのは、化石エネルギーの大量消費です。

地球上の生命活動の源は植物の光合成です。光合成により太陽エネルギーが炭水化物に変換され、生物に利用されます。

しかし、「緑の革命」の栽培システムは、栽培に使われる化学肥料や合成農薬、農地でのトラクターの燃料、収穫物の保存や加工、運搬などすべての過程で化石エネルギーを大量に使います。

これまでの計算では、日本の典型的な稲作で、米の生産に使った化石エネルギーは収穫された米のもつエネルギーとほぼ等しくなっています。

つまり、米を食べることは、石油を食べていることに等しい状態になっているのです。効率的な光合成システムをもつトウモロコシは収量が高いので、化石エネルギーの投入効率はやや高くなりますが、それでも収穫を化石エネルギーに依存していることは変わりません。

当然ながら、トウモロコシを中心に飼育される畜産では生産される肉や卵のカロリーに比べ投入される化石エネルギーの割合はさらに高くなります。

農業とは本来、太陽エネルギーを炭水化物に変換するプロセスですが、「緑の革命」がもたらした収量増加は、化石エネルギーの外部からの投入により支えられているシステムなのです。

石油が安い時はこのコストは目に見えないものの、石油価格が高くなると生産コストに跳ね返ります。

現在の農業は石油依存という持続不可能性の上に成立しているのです。

また、環境コストも無視できません。化石エネルギーの大量投入により成立している近代農業は二酸化炭素の排出も大きくなります。

最近、問題とされているのが農地からの亜酸化窒素（N_2O）の放出です。二酸化炭素の298倍という高い温室効果をもつ亜酸化窒素は、農地に施与された窒素肥料が微生物により分解され放出されます。

また、二酸化炭素に次ぐ温暖化ガスであるメタンは、嫌気条件に置かれる水田や反芻《はんすう》家畜の胃から多量に放出されています。

農地からの温暖化ガス排出は無視できない水準に達しています。

また、耕地に施与された化学肥料や畜産農家からの糞尿は河川に流れ込み、湖沼や河川の富栄養化をもたらすなどの汚染源ともなっています。

生物多様性を強制的に排除することで成り立つ近代農業は、生物によるコストもあります。進化の過程で生き残ってきた生物は極めて巧妙な環境適応の仕組みをもっています。

強力な農薬が発明されても、耐性をもつ昆虫や微生物はすぐに進化してきます。

人間の病気でも抗生物質を乱用することで耐性菌が誕生し、抗生物質が効かなくなる問題と同じです。農業においても、新しい農薬の開発と病虫害の耐性獲得の間の繰り返しが生じています。

大量の家畜を畜舎で飼育する畜産では、病気が広がりやすくなるため薬剤の投与は欠かせなくなっています。

さらに、最近では、多頭飼育された家禽《かきん》を通じて渡り鳥からの鳥インフルエンザの感染が拡大することも懸念されています。

自然界では長い進化の過程で、生物同士が他の多様な生物と様々な関係を築いてきています。

農業を自然の生物多様性から切り離すコストは、規模が大きくなればなるほど大きくなります。

「緑の革命」がもたらした農業の工業化が、各地域の自然や気候に合った伝統的な農業システムの多様性を失わせ、経済効率優先の均一化に向かうのは必然の帰結です。

しかし、農業と工業では決定的に異なる点があります。

それは、農業が土地を利用することで国土の景観と環境を構成していることです。

農業がなくなると耕地は荒れ、原野に戻ります。

畑や水田が失われると国土の景観が消滅します。

「緑の革命」の最も大きなコストは、食料貿易のグローバル化の中で、各国の伝統的農業システムが崩れ、国土が荒廃することかもしれません。

ヨーロッパ諸国では、農業を工業と同じ産業活動とはとらえず、国土形成に必要な産業と位置づけているため、経済原理とは一歩距離を置いた政策をとっています。

自然栽培の可能性

自然栽培の利点は、「緑の革命」が本来もっているコストがかからないことです。

つまり、化石燃料の使用が少なく持続的であること、温暖化ガスの排出が少ないこと、生物多様性を利用するのでより自然に近いシステムであることです。

しかし、これ以外に、自然栽培には、日本の抱える農業問題を解決する大きな可能性があります。

日本の抱える農業問題の根幹は、1戸当たりの農地面積が少ないことにあります。

生産コストが高いために、輸入農産物との競争に負け、食料自給率が低下し、効率の悪い中山間地の農地は放棄され、将来に展望がもてない農業に後継者はいなくなる。

それならば、農地の規模拡大は農産物の競争力向上の決定的な解決策になるかというと、それも簡単ではありません。

たとえ、日本の1戸当たりの農地面積を20ヘクタール程度にしても、100ヘクタール台が普通のアメリカとの間にはまだまだ大きな隔たりがあります。その程度の農地面積の拡大で国際競争力が回復するかは疑問です。

一つの解決方法は、「緑の革命」の土俵からはずれることです。

ニッチが同じ生物が競争すると競争排除が起き、競争の弱い種が絶滅するのは生態学の基本原理です。

競争排除を避けるには、ニッチを変えればよいのです。

これまで説明してきたように、自然栽培は、「緑の革命」と根本的に異なる農業技術です。

自然栽培が「緑の革命」と異なるニッチをつくり出すなら、二つの農業システムは競争を避けて共存できるかもしれません。

「緑の革命」の技術に対して、自然栽培には少なくとも二つの有利性があります。一つは、肥料と農薬を使わないため、それにかかる生産コストを抑えることができることです。慣行の作物栽培では、化学肥料と農薬にかかる経費は労働費を除く生産コストの2割から5割を占めています。

同時に、自然栽培では、肥料・農薬を散布する作業にかかる労働時間を節約できます。

自然栽培のもう一つの有利性は、農産物の安心・安全性です。

現在でも有機栽培で生産された農産物は安全・安心な農産物というプレミアがつき、販売価格は慣行栽培の農産物より高くなっています。

有機栽培は窒素を多く含む家畜の糞尿由来の未熟堆肥を使うこともあり、窒素過多になる場合があります。

しかし、自然栽培では農地が窒素過多になることはありません。

このため、人間の健康にも害を与える硝酸態窒素も農産物に含まれることはありません。また、窒素(タンパク質)が少ないほど食味がよいとされている米は、当然品質が上がります。

さらに、自然栽培でつくられた食品は、腐りにくいという特徴もあります。

自然栽培の農産物は、有機栽培以上に品質で優れるので、慣行栽培の農産物に比べ高い価格設定が可能です。低コストと高品質・高価格は、自然栽培の大きな利点です。

一方、自然栽培の弱点は収量が低いことです。

低収量という弱点を低コストでの生産と高品質の農産物という利点がどれだけカバーできるかが今後の発展の鍵を握っています。

しかし、自然栽培はまだ発達途上の技術なので、今後の技術改良による収量の増加は可能です。そうなれば、農家の収益性では自然栽培が慣行栽培より優れるようになるでしょう。

現在でも、私の知るほとんどの稲作農家は自然栽培の収益性が慣行栽培より高いといいます。

経営規模の小さな日本の農家でも品質のよさを打ち出せば、グローバルな競争に対抗できる可能性をもっています。また、規模の大きな農家ほど、自然栽培は成功すれば収益性は高くなります。

自然栽培は耕作放棄地の増加にも対応しやすい栽培法です。

現在の日本では、農村人口の高齢化により山間地にある農地がどんどん放棄されています。しかし、このような場所は周辺に自然が残っており、生物多様性が高いため、慣行栽培には不向きでも、自然栽培にとっては適地となります。

２０１１年には、能登半島が国連食糧農業機関（ＦＡＯ）の「世界重要農業遺産システム」に認定されました。

この計画は、棚田という伝統的な稲作のスタイルが最近失われつつある能登半島で、自然栽培を利用して耕作放棄地を復活し、そこで安心・安全な食材を提供する新しい農業システムを構築しようという意欲的な試みです。

既に、自然栽培を利用して地方の構造的な農業問題を解決しようとする動きが始まっています。

何よりも自然栽培の利点は、生産者が受け身から主体へ変化することです。マニュアルが通用しない自然栽培では、現場での観察と判断が重要で、生産者の裁量による工夫と改善が必要とされます。

当然、失敗の可能性も増えますが、自然栽培を始めたほとんどの稲作農家は農業が楽しくなったといい、田んぼにも頻繁に顔を出すようになります。日本の農業は高齢化が問題となっていますが、自らの熱意と能力を試すことのできる自然栽培は、むしろ若者にとっての新しい魅力的な分野になるのではないでしょうか。

自然栽培は、まだ確立した技術ではなく、収量性が低く不安定であるなど解決すべき多くの課題があります。

自然栽培が利用する「生物の力」「植物―土壌フィードバック」や「生物間相互作用ネットワーク」「植物免疫」などは、生物学の最新の知識と最先端の技術を使わなければ解明できない課題です。

科学的解明は自然栽培の技術の確立に必要ですが、必ずしも科学的解明を待つ必要はありません。

自然栽培はボトムアップ的技術なので、常に現場での生産者の裁量と判断が求められ、経験に基づく技術の蓄積が可能です。それら経験的技術を互いに共有することにより、現場での技術の改良が科学の先をいくことも可能なのです。

慣行栽培に見られる国—県—農協—農家という縦の関係を通じたトップダウン型ではなく、生産者間の横の繋がりが、自然栽培の今後の成功の鍵を握っています。

自然栽培は、木村秋則という地域の一リンゴ生産者が苦労してつくり上げ、それを意識の高い生産者が自主的に広めている草の根の技術です。

このような革新的技術が、国のサポートも受けずに生み出され、広がるところに、日本社会のもつポテンシャルの高さがあり、また、そこに日本という国の未来への可能性があるように思います。

あとがき

木村秋則さんを有名にしたのは、２００６年に放映されたＮＨＫの番組「プロフェッショナル　仕事の流儀」です。この番組では、木村さんが取り組んできたリンゴの無農薬栽培の苦闘が紹介され、大きな反響を呼びました。多くの人は木村さんの生き方に共感をもちましたが、無農薬・無肥料でのリンゴ栽培に疑問をもつ生産者がいたことも確かです。

この番組の撮影にあたり、私も取材を受けました。放送する上で、無農薬リンゴ栽培の科学的裏付けが欲しかったのだと思いますが、残念ながら私は科学的に確かなことは何も答えられませんでした。その当時は、私が木村リンゴ園に通うようになって４年が経っていましたが、まだ、「奇跡のリンゴ」が誕生した理由については全く見当がつかない状態でした。

それでも、毎年、春になると木村リンゴ園に通い、生い茂る下草をかき分けてリンゴ園を歩き回り、一本一本のリンゴの樹や病気のついた葉の観察を続けてきました。ある年には、木村リンゴ園にもち込んだリンゴのポット苗に水を与えるために、毎週2回通いました。リンゴ園で木村さんに会えば、何時間も話し込むこともありました。そうこうするうちに、リンゴ園にも慣れ、目をつぶってもリンゴ園の姿が浮かぶくらいになりました。すると、次第に、体で覚えたリンゴ園の実態と自分が蓄積してきた科学的知識のすり合わせが頭の中で起こり始め、リンゴ園で起きていることを矛盾なく説明する考えが浮かぶようになってきました。

そのような時期に、この本の執筆の話が出て、考えを整理し、まとめるちょうどよい機会と思い、執筆に積極的になりました。

まだ、木村リンゴ園で起きていることの科学的メカニズムの詳細な解明までには至っていませんが、以前のように迷路に陥っていた状態からは抜け出せたと考えています。また、この本を書きながら、「奇跡のリンゴ」を突き詰めると、近代の農業技術のあり方、日本農業の未来、生物多様性の意義など現代社会の抱える問題に突き当たることも再認識できました。

大学の研究者にとって、科学論文を書くことは重要な仕事の一つです。各分野の専門家しか読まない科学論文は、統計処理を施した信頼できるデータを元に重複を避けた無駄のない構成で、ポイントだけを論理的に書くことが求められます。客観性と専門性を重視したこのスタイルは、専門知識のない一般読者を対象にしていません。科学者は、一般の人に科学の難しい話を分かりやすく説明することに慣れていないのです。

この本を書く上で参考になったのは、私が毎年学部一年生向けに行っている生物進化についての講義です。この講義は、理系から文系まで広い学部の学生が聞きに来ます。当然、人文系の学生は生物の知識が乏しいため、専門用語を使わずに内容を分かりやすく説明することが求められます。専門書に書いてある科学的知識をそのまま話しても学生は興味をもちませんが、その知識が我々の身近な出来事とどのように関係するかを述べることで興味をもつようになります。

例えば、人間の友情や恋愛感情を生物進化の理論で説明すると、多くの学生は関心をもち、科学の面白さを理解するようになります。さらに、科学の客観的知識を伝えるだけでなく、そこに個人の「知」(philosophy)を交えて話を展開することで講義が生きてきます。「知」とは、ものごとの見方であり、そこには個人の知識獲得の歴史や経験を通じた個性が反映されます。つまり、専門知識のない人に科学を伝えるためには、客観的「知識」(knowledge)だけでなく、主観的「知」(philosophy)を語ることが効果的であると学びました。

本書でも、このやり方をとっています。例えば、競争や生物間相互作用ネットワークなど生態学の最近の研究成果を人間社会にあてはめることで、専門知識がない一般の読者にも理解できるように心がけました。また、各章の最後の方では、主観も交えて話を展開している部分も多くあります。そのため、科学的正確さがやや失われたり、言い過ぎたところもあるかもしれません。

執筆の準備はリンゴの花が咲く5月頃に始めましたが、日常の仕事でまとまった時間がとれず、結局冬休みの期間に集中的に書きました。原稿を書き終えて少し経った3月15日には、日本政府からＴＰＰ協議参加の方針が出されました。農業はＴＰＰ問題の大きな争点です。貿易自由化の流れの中で、日本農業をどのように強化していくか、今後議論が活発になっていくと思われます。

まだ、多くの人には自然栽培の可能性は理解されていませんが、この日本のオリジナル技術が、日本農業の活性化にどのように関わっていくのか、今後も協力し、見守っていきたいと考えています。

幻冬舎の大島加奈子さんには本書をまとめるにあたり貴重なアドバイスをいただき、感謝しています。また、『奇跡のリンゴ』の著者、石川拓治さんには本書の執筆のきっかけを作っていただきました。

弘前大学、佐野輝男教授、農業・食品産業技術総合研究機構、果樹研究所伊藤伝博士には、木村リンゴ園の情報交換を通じお世話になりました。

個別には名前をあげませんが、自然栽培を実践している生産者の方、研究室の学生諸君には調査に協力いただき、お礼申し上げます。

妻には、初校の段階で貴重なコメントをもらい、また本書の執筆を通じて支えてもらい感謝しています。

最後に、病床にありながら、励ましてくれた母に本書を贈りたいと思います。

２０１３年４月

杉山修一

参考文献

序章　奇跡のリンゴ園との出会い

●『リンゴが教えてくれたこと』木村秋則・２００９・日経プレミアシリーズ・日本経済新聞出版社

第一章　生物の力を利用する自然栽培

●Evans,L.,Feeding the ten billion,1998,Cambridge University Press.（邦訳『１００億人への食糧』２００６・学会出版センター）

●『自然農法　わら一本の革命』福岡正信・１９８３・春秋社

第二章　多様性が生産性を上げる

●Whitfield,J.,In the beat of a heart: Life, energy, and the unity of nature,2006, The National Academies Press.（邦訳『生き物たちは３／４が好き』２００９・化学同人）

●MacArthur,R.,Geographical ecology,1972,Harper & Row（邦訳『地理生態学』１９８２・蒼樹書房）

●Reich,PB.,Tilman,D.,et al.,Impacts of biodiversity loss escalate through time as redundancy fades,2012,Science 336: 589-592.

●Schnitzer,S.A.,Klironomos,J.N.,et al.,Soil microbes drive the classic plant diversity-productivity pattern,2011, Ecology 92: 296-303.

第三章 肥料の代わりに土壌の微生物が畑を肥やす

- 『有機栽培の基礎知識』西尾道徳・1997・農山漁村文化協会
- Wardle,D.A.,Communities and ecosystems:Linking the aboveground and belowground components, 2002, Princeton University Press.
- Wardle,D,A.,Walker,L.R.,et al.,Ecosystem properties and forest decline in contrasting long-term chronosequences,2004,Science 305: 509-513.

第四章 害虫はどのように姿を消したか

- Hubbell,S.P.,The unified neutral theory of biodiversity and biogeography,2001, Princeton University Press.
- Klironomos JN.,Feedback with soil biota contributes to plant rarity and invasiveness in communities, 2002, Nature 417: 67-70.
- Diez,J.M.,Dickie I.,et al.,Negative soil feedbacks accumulate over time for non-native plant species, 2010, Ecology Letters 13: 803-809.
- Baldwin,I.T.,Schultz,J.C.,Rapid changes in tree leaf chemistry induced by damage: Evidence for communication between plants,1983, Science 221:277-279.

第五章 なぜ病気が抑えられるか

- Hatsugai N.,Iwasaki S.,et al.,A novel membrane fusion-mediated plant immunity against bacterial pathogens, 2009, Genes Dev., 23: 2496-2506.

●Lee Y.K.,Mazmanian,S.K.,Has the microbiota played a critical role in the evolution of the adaptive immune system?, 2010,Science 330: 1768-1773.
●『究極のソーシャルネット、特集　マイクロバイオーム』J・アッカーマン・2012・日経サイエンス　10：41-48.

第六章　自然栽培の科学と技術

●Wilson,E.O.,Naturalist,1994, Shearwater Books.（邦訳『ナチュラリスト　上・下』1996・法政大学出版局）
●Watson,J.D.,Avoid boring people: Lessons from a life in science, 2007, Alfred A. Knopf.（邦訳『DNAのワトソン先生、大いに語る』2009・日経BP社）

第七章　自然栽培の未来

●Roberts,P.,The end of food,2008,Barricade Books.（邦訳『食の終焉　グローバル経済がもたらしたもうひとつの危機』2012・ダイヤモンド社）

著者略歴

杉山修一《すぎやましゅういち》

一九五五年、札幌生まれ。弘前大学農学生命科学部教授。七七年北海道大学農学部卒業。八一年北海道大学農学部助手。ハーバード大学生物進化学部研究員などを経て現職。専門は植物生態学。

二〇〇三年に木村秋則氏と出会い、それ以来、無農薬・無肥料で作物栽培が成立するメカニズムを研究している。

幻冬舎新書 305

すごい畑のすごい土
無農薬・無肥料・自然栽培の生態学

二〇一三年五月三十日 第一刷発行
二〇一三年十月二十日 第三刷発行

著者 杉山修一
発行人 見城徹
編集人 志儀保博
発行所 株式会社 幻冬舎
〒一五一-〇〇五一 東京都渋谷区千駄ヶ谷四-九-七
電話 〇三-五四一一-六二一一(編集)
〇三-五四一一-六二二二(営業)
振替 〇〇一二〇-八-七六七六四三
ブックデザイン 鈴木成一デザイン室
印刷・製本所 株式会社 光邦

検印廃止
万一、落丁乱丁のある場合は送料小社負担でお取替致します。小社宛にお送り下さい。本書の一部あるいは全部を無断で複写複製することは、法律で認められた場合を除き、著作権の侵害となります。定価はカバーに表示してあります。

©SHUICHI SUGIYAMA, GENTOSHA 2013
Printed in Japan ISBN978-4-344-98306-9 C0295
す-5-1

幻冬舎ホームページアドレス http://www.gentosha.co.jp/
*この本に関するご意見・ご感想をメールでお寄せいただく場合は、comment@gentosha.co.jp まで。